ATLAS OF THE REPTILES AND AMPHIBIANS IN FUJIAN PROVINCE

福建省爬行纲和两栖纲图鉴

福建省林业局 福建师范大学 主编

海峡出版发行集团 | 福建科学技术出版社
THE STRAITS PUBLISHING & DISTRIBUTING GROUP | FUJIAN SCIENCE & TECHNOLOGY PUBLISHING HOUSE

图书在版编目（CIP）数据

福建省爬行纲和两栖纲图鉴 / 福建省林业局，福建师范大学主编. —福州：福建科学技术出版社，2022.12
ISBN 978-7-5335-6925-9

Ⅰ.①福… Ⅱ.①福… ②福… Ⅲ.①爬行纲－福建－图集②两栖纲－福建－图集 Ⅳ.①Q959.608-64 ②Q959.508-64

中国国家版本馆CIP数据核字（2023）第013267号

书　　名　**福建省爬行纲和两栖纲图鉴**
主　　编　福建省林业局
　　　　　　福建师范大学
出版发行　福建科学技术出版社
社　　址　福州市东水路76号（邮编350001）
网　　址　www.fjstp.com
经　　销　福建新华发行（集团）有限责任公司
印　　刷　福州报业鸿升印刷有限责任公司
开　　本　889毫米×1194毫米　1/16
印　　张　12.25
字　　数　280千字
版　　次　2022年12月第1版
印　　次　2022年12月第1次印刷
书　　号　ISBN 978-7-5335-6925-9
定　　价　260.00元

《福建省爬行纲和两栖纲图鉴》编委会

目录

爬行纲 REPTILIA

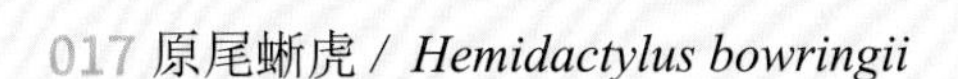

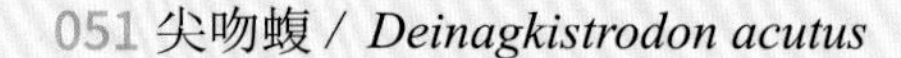

081 紫棕小头蛇 / *Oligodon cinereus*

082 台湾小头蛇 / *Oligodon formosanus*

083 饰纹小头蛇 / *Oligodon ornatus*

084 翠青蛇 / *Cyclophiops major*

085 乌梢蛇 / *Ptyas dhumnades*

086 灰鼠蛇 / *Ptyas korros*

087 滑鼠蛇 / *Ptyas mucosa*

088 灰腹绿锦蛇 / *Gonyosoma frenatum*

089 白环蛇 / *Lycodon aulicus*

090 双全白环蛇 / *Lycodon fasciatus*

091 黄链蛇 / *Lycodon flavozonatus*

092 福清白环蛇 / *Lycodon futsingensis*

093 黑背白环蛇 / *Lycodon ruhstrati*

094 赤链蛇 / *Lycodon rufozonatus*

095 细白环蛇 / *Lycodon subcinctus*

096 方花蛇 / *Archelaphe bella*

097 三索蛇 / *Coelognathus radiatus*

098 玉斑锦蛇 / *Euprepiophis mandarinus*

099 紫灰锦蛇 / *Oreocryptophis porphyraceus*

100 王锦蛇 / *Elaphe carinata*

101 黑眉锦蛇 / *Elaphe taeniura*

102 红纹滞卵蛇 / *Oocatochus rufodorsatus*

两头蛇科 Calamariidae

103 尖尾两头蛇 / *Calamaria pavimentata*

104 钝尾两头蛇 / *Calamaria septentrionalis*

水游蛇科 Natricidae

105 白眶蛇 / *Amphiesmoides ornaticeps*

106 草腹链蛇 / *Amphiesma stolatum*

107 白眉腹链蛇 / *Hebius boulengeri*

108 锈链腹链蛇 / *Hebius craspedogaster*

109 棕黑腹链蛇 / *Hebius sauteri*

110 颈棱蛇 / *Pseudoagkistrodon rudis*

111 红脖颈槽蛇 / *Rhabdophis subminiatus*

112 虎斑颈槽蛇 / *Rhabdophis tigrinus*

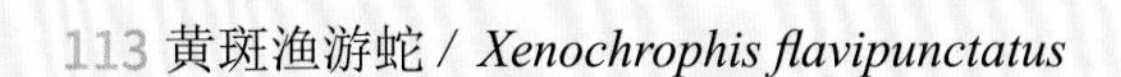

113 黄斑渔游蛇 / *Xenochrophis flavipunctatus*

114 挂墩后棱蛇 / *Opisthotropis kuatunensis*

115 山溪后棱蛇 / *Opisthotropis latouchii*

116 福建后棱蛇 / *Opisthotropis maxwelli*

117 环纹华游蛇 / *Trimerodytes aequifasciatus*

118 赤链华游蛇 / *Trimerodytes annularis*

119 乌华游蛇 / *Trimerodytes percarinatus*

斜鳞蛇科 Pseudoxenodontidae

120 福建颈斑蛇 / *Plagiopholis styani*

121 横纹斜鳞蛇 / *Pseudoxenodon bambusicola*

122 崇安斜鳞蛇 / *Pseudoxenodon karlschmidti*

123 大眼斜鳞蛇 / *Pseudoxenodon macrops*

124 纹尾斜鳞蛇 / *Pseudoxenodon stejnegeri*

剑蛇科 Sibynophiidae

125 黑头剑蛇 / *Sibynophis chinensis*

两栖纲 AMPHIBIAN

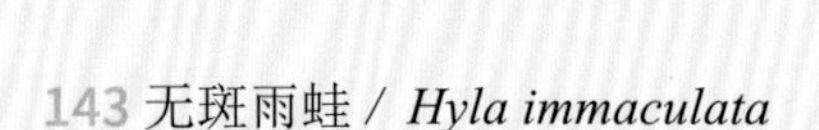

yuán
鼋
Pelochelys cantorii

龟鳖目 鳖科

形态特征：背盘长549—800㎜，宽521—660㎜，灰黑色，略带橄榄绿色，呈卵圆形，表面有似虫蚀状凹纹，裙边极短；骨质背甲较圆，前缘平，后缘凹；腹甲黄白色，胼胝体不超5 块；头部皮肤光滑，背部覆盖疣粒，吻突圆而短，不到眼径的1/2，鼻孔位于吻端；四肢扁圆，灰绿色，指、趾间具发达蹼；尾短。

生活习性：栖息于水流缓慢的江河和水库。肉食性，主要捕食鱼、虾和螺等。

省内分布：三元、永安、大田、尤溪、漳州市区、安溪、福州市区等地。

保护级别：国家一级保护野生动物。

中华鳖

Pelodiscus sinensis

龟鳖目 鳖科

形态特征：背盘长192—345mm，宽139—256mm，呈卵圆形，被柔软的革质皮肤，青灰色、黄橄榄色或橄榄色，后缘圆，前缘向后翻褶，光滑面有断痕，呈一列扁平疣状，背盘中央有棱脊，脊侧略凹成浅沟，两侧有小瘰粒组成的纵棱；腹甲平坦光滑，乳白色或灰白色；头前端略呈三角形，吻端延长呈管状，具长的肉质吻突，约与眼径相等，脖颈细长，呈圆筒状；四肢扁平，后肢比前肢发达，前后肢各有5指趾，指趾间有蹼，内侧3指趾有锋利的爪，四肢均可缩入甲壳内；雌鳖尾短，不能伸出裙边，雄鳖尾长，能伸出裙边。

生活习性：栖息于江河、湖泊、池塘和水库等水流平缓水域。肉食性，以鱼、虾、软体动物等为主食，多夜间觅食。

省内分布：全省广泛分布。

léng
棱皮龟
Dermochelys coriacea

龟鳖目 棱皮龟科

形态特征：壳长1040—1500㎜，宽560—900㎜，重达100kg 以上；头、四肢及身体均覆以革质皮肤，无角质盾片，背暗棕色或黑色，具7 行纵棱，杂以黄色或白色的斑点，腹部灰白色；成体头大，颈短，上颌前端有2 个大三角形齿突，其间有一凹口，与下颌强大的喙吻合；四肢桨状，无爪，前肢为后肢长的2 倍多；尾短，尾与后肢间有皮膜相连。

生活习性：远洋性种类，栖息于热带海域的中、上层，偶尔发现于近海和港湾，在海滩产卵。杂食性，以腔肠动物、棘皮动物、软体动物、节肢动物、鱼和海藻等为食。

省内分布：东山、漳浦、厦门、长乐、罗源、平潭等沿海地区。

保护级别：国家一级保护野生动物。

红海龟 别名：蠵（xī）龟

Caretta caretta

龟鳖目 海龟科

形态特征：重可达100kg 以上，背甲长740—870㎜，宽530—700㎜，呈心形，末端尖狭而隆起，背甲棕红色，有深绛色斑点和条纹，盾片镶嵌排列，颈盾1 枚、宽短，椎盾5—6 枚，肋盾一般5 对，缘盾12 对，甲桥具3 对下缘盾，腹甲柠檬黄色，无斑纹；头顶部具有对称大鳞片，上、下颌呈钩状，颌缘无锯齿；四肢呈桨状，背面棕红色，具大小不一的鳞片，指、趾各具2 爪。

生活习性：栖息于海洋，除产卵外，很少上岸活动。杂食性，常啃食海藻，也食无脊椎动物。

省内分布：东山、厦门、马尾、莆田、平潭等沿海地区。

保护级别：国家一级保护野生动物。

绿海龟

Chelonia mydas

龟鳖目 海龟科

形态特征：雄龟背甲长840㎜，雌龟背甲长460㎜，呈心形，橄榄色或棕褐色，杂有黄白色的放射纹，盾片平铺镶嵌排列，颈盾短而宽，椎盾5 枚，第1 枚扇形，其余呈六边形，肋盾4 对，第1 对不与颈盾相接，缘盾11 对；腹甲平坦，黄色，前、后缘圆弧形，具1 枚三角形间喉盾；头部略呈三角形，两颊黄色，颈部深灰色，吻部短圆，头背具对称大鳞片，前额鳞1 对，为暗褐色；四肢桨状，覆以大鳞，前肢长于后肢，内侧各具1 爪，雄性前肢的爪强大而弯曲成钩状。

生活习性：除上岸沙滩产卵外，终生栖息海洋中。以鱼、头足纲、甲壳纲动物及海藻为食。

省内分布：东山、漳浦、厦门、晋江、惠安、莆田、福清、长乐、马尾、连江、平潭等沿海地区。

保护级别：国家一级保护野生动物。

dài mào
玳瑁

Eretmochelys imbricata

龟鳖目 海龟科

形态特征：背甲长430mm，宽360mm，较扁平，呈心形，棕红色，缀有浅黄色云斑，盾片覆瓦状排列，颈盾宽短，与第1对缘盾平列向前凸出，椎盾5枚，上有脊棱，肋盾4对，第1对肋盾不与颈盾相接，缘盾11对，体后强锯齿状，臀盾2枚；腹甲黄色，有褐色块斑，前后缘弧形，前端具一扇形间喉盾，肱盾至肛盾中央隆起成棱嵴，盾片均具辐射线；头顶有2对前额鳞，吻部侧扁，上颌前端钩曲呈鹰嘴状，具褐色和淡黄色相间的花纹；四肢浆状，前肢长于后肢，覆有并列大鳞和盾片，外侧具2爪；尾短小，不伸出甲外。

生活习性：栖息于热带、亚热带海域。以软体动物、甲壳纲动物及小型鱼类为食，也食海藻。

省内分布：漳浦、东山、厦门、莆田、长乐、连江、平潭等沿海地区。

保护级别：国家一级保护野生动物。

太平洋丽龟

Lepidochelys olivacea

龟鳖目 海龟科

形态特征：背甲长500—640mm，宽450—610mm，近圆形，橄榄绿色，颈盾1枚，椎盾5—7枚，末枚最大，向两侧扩张成扇形，缘盾13对，最后1对之间有凹缺，肋盾6—8对，第1对与颈盾相接，甲桥处有4对下缘盾，每枚盾片后缘有1小孔；腹甲淡橘黄色；头背前额鳞2对；四肢浆状，覆大鳞，均具1爪；尾短，雄龟伸出甲外40—80mm，雌龟不伸出甲外。

生活习性：栖息于亚热带和热带浅海海域。杂食性，主食植物性食物，也捕食海胆、软体动物、蟹等无脊椎动物。

省内分布：东山、马尾、平潭等沿海地区。

保护级别：国家一级保护野生动物。

平胸龟 别名：鹰嘴龟

Platysternon megacephalum

龟鳖目 平胸龟科

形态特征： 体形扁平，背甲长81—174mm，宽63—155mm，长卵圆形，前缘中部微凹，后缘圆，具中央嵴棱，颈盾宽短，略呈倒梯形，椎盾5枚，均宽大于长，第5枚最宽，肋盾4对，缘盾12对，向后渐宽，各盾片中心有疣轮，并有与疣轮平等的同心纹及向四周放射的线纹；腹甲小于背甲，橘黄色，近长方形，前缘平截，后缘中央凹入，背腹甲之间有3—4枚下缘盾；头大，不能缩入壳内，头背覆有完整的盾片，上、下颌钩曲呈鹰嘴状；四肢强，被有覆瓦状排列的鳞片，前肢5爪，后肢4爪，指、趾间具蹼；尾长，几乎与体长相等，具环状排列的长方形大鳞；头、背甲、四肢及尾背均为棕红色、棕橄榄色或橄榄色，雄性头侧、咽、颏及四肢均缀有橘色斑点。

生活习性： 栖息于溪流、沼泽地、水潭、河边及田边，多在夜间活动。肉食性，主要捕食蜗牛、蚯蚓、小鱼、螺、虾、蛙等。

省内分布： 延平、邵武、武夷山、建瓯、顺昌、浦城、光泽、松溪、政和、三元、永安、明溪、清流、宁化、大田、尤溪、泰宁、建宁、新罗、漳平、长汀、上杭、武平、连城、漳州市区、漳浦、诏安、南靖、平和、华安、泉州市区、安溪、永春、德化、莆田市区、仙游、福州市区、闽侯、永泰、宁德市区、福安、福鼎、霞浦、古田、屏南、寿宁、周宁、柘荣等地。

保护级别： 国家二级保护野生动物（仅限野外种群）。

黄喉拟水龟

Mauremys mutica

龟鳖目 地龟科

形态特征：雄性背甲长118—138mm，宽79—94mm，雌性背甲长95—138mm，宽69—102mm，呈扁椭圆形，灰棕色或棕黄色，具3条纵棱，纵棱及盾片周缘色较深，颈盾小，呈梯形，椎盾5枚，第1和第5枚呈五边形，其余为六边形，肋盾4对，缘盾11对，臀盾1对，略呈正方形；腹甲略短于背甲，前缘钝凹而上翘，后缘凹缺深，呈三角形，甲桥及腹甲黄色，盾片后缘中间有一方形大黑斑；头背光滑无鳞，黄色或黄橄榄色，头腹面及喉部为黄色，鼓膜圆形，黄色，头侧眼后至鼓膜处有一黄色纵纹；四肢扁圆，上皮具宽大鳞片，颜色较深，前肢5爪，后肢4爪，指、趾间全蹼，腿窝内皮肤呈黄色；尾短而尖细，侧面有黄色纵纹。

生活习性：栖息于丘陵、半山区地带的山间盆地和河流谷地水域中，也常到灌草丛、稻田中活动。杂食性。

省内分布：建瓯、邵武、新罗、上杭、连城、武平、漳州市区、漳浦、诏安、南靖、平和、华安、厦门、惠安、德化、福州市区、福清等地。

保护级别：国家二级保护野生动物（仅限野外种群）。

乌龟

Mauremys reevesii

龟鳖目 地龟科

形态特征：背甲雄性长94—168mm，宽63—105mm，雌性长73—170mm，宽52—117mm，雄龟几乎全黑色，雌龟棕褐色，较平扁，具3条纵棱，颈盾小，略呈梯形，椎盾5枚，第1枚五边形，第2至第4枚六边形，肋盾4对，缘盾11对，臀盾1对呈矩形；腹甲及甲桥棕黄色，雄性色深，盾片有黑褐色大斑块，腹甲平坦，前缘平截略向上翘，后缘缺刻较深；头部橄榄色或黑褐色，头侧及咽喉部有暗色镶边的黄纹及黄斑，头顶前部平滑，后部皮肤具细粒状鳞，吻短，吻端向内侧下斜切，喙缘的角质鞘较薄，下颌左右齿骨间的交角小于90°；四肢略扁平，指、趾间均具全蹼，具爪；尾较短小。

生活习性：栖息于江河、湖泊、水库、池塘及其他水域。白天多隐居水中。杂食性，主食鱼、虾、螺、蚌和昆虫，也食植物茎叶及种子等。

省内分布：延平、邵武、武夷山、建瓯、顺昌、浦城、光泽、松溪、政和、三元、永安、明溪、清流、宁化、大田、尤溪、新罗、长汀、上杭、武平、漳州市区、云霄、漳浦、诏安、长泰、南靖、平和、华安、厦门、泉州市区、石狮、晋江、南安、安溪、永春、德化、莆田市区、仙游、福州市区、闽侯、连江、罗源、闽清、永泰、宁德市区、福安、福鼎、霞浦、古田、屏南、寿宁、周宁、柘荣等地。

保护级别：国家二级保护野生动物（仅限野外种群）。

花龟

Mauremys sinensis

龟鳖目 地龟科

形态特征：背甲长118—246mm，宽104—178mm，背面栗色，具3棱，脊棱明显，略断续；颈盾梯形或长方形，椎盾5枚，第1枚五边形，第2至第4枚六边形，肋盾4对，呈不规则四边形，缘盾12对，盾片均有同心纹及中心疣轮；侧面和腹面较淡，腹甲平，前缘平直，后缘凹入，腹面每块盾片的中部有一栗色大斑，甲桥明显；头较小，吻锥状，突出于上颚，上颌中央缺刻，颌缘细锯齿状，鼓膜圆，头背和颈部光滑，有细痣疣，有40条鲜明的黄色细线纹从吻端经眼、头侧向颈部延伸，咽部有黄色圆形花纹；尾长，末端渐趋尖细。

生活习性：栖息于低海拔地带的池塘、沟渠、缓流的河流中。杂食性，食鱼、虾和植物等。

省内分布：大田、武平、漳州市区、南靖、福州市区等地。

保护级别：国家二级保护野生动物（仅限野外种群）。

黄缘闭壳龟

Cuora flavomarginata

龟鳖目 地龟科

形态特征：背甲长87—163mm，宽65—123mm，棕红色，具一浅棕色脊棱；颈盾呈梯形，椎盾5枚，肋盾4对，缘盾12对，盾片均有疣轮及平行于疣轮的同心纹；腹甲平，棕黑色，椭圆形，前缘圆或微凹，盾片同心纹清晰，喉盾三角形，肛盾菱形，腹甲前后两叶以韧带相连，可分别向上关闭背甲，头、尾及四肢可完全缩入壳内；头部光滑无鳞，鼓膜圆而清晰，头部背面浅橄榄色，吻前端平，上颌有明显的钩曲，下颌橘红色，两眼后各有1条金黄色宽条纹，两纹在头部背面交汇成“U”形弧纹，纹后的颈部呈浅橘红色；四肢略扁平，上覆有瓦状排列的鳞片，呈灰褐色，前肢基部呈浅橘红色，具5指，后肢基部呈米黄色，具4趾，趾间具微蹼；尾短，尾背有1条黄色纵纹。

生活习性：栖息于丘陵近水的林缘、杂草、灌木之中。杂食性，主食昆虫和软体动物等，也食植物果实等。

省内分布：漳州市区、龙海、诏安等地。

保护级别：国家二级保护野生动物（仅限野外种群）。

三线闭壳龟

Cuora trifasciata

龟鳖目 地龟科

形态特征：背甲长95—170mm，宽75—145mm，卵圆形，红棕色，有3条黑色纵纹，中央1条较长，前后缘光滑不呈锯齿状；颈盾长而窄，长方形，椎盾5枚，五边形或六边形，肋盾4对，缘盾12对，长方形，盾片均有中心疣轮及同心纹；腹甲与背甲大致等长，长卵形，前缘圆，后缘凹入，黑褐色，边缘为黄色，腹甲前后两叶可向上闭合；头较细长，头背部蜡黄，顶部光滑无鳞，吻钝，上颌略钩曲，喉颈部浅橘红色，头侧眼后有棱形褐斑块；四肢扁平，前肢有覆瓦状大鳞，前肢5指、后肢4趾，均具爪，指、趾间全蹼；尾长而尖细。

生活习性：栖息于山区溪流。主食鱼、虾、螺及蚯蚓等。

省内分布：漳州市区、漳浦、诏安、南靖、德化等地。

保护级别：国家二级保护野生动物(仅限野外种群）。

眼斑水龟

Sacalia bealei

龟鳖目 地龟科

形态特征： 背甲长95—160mm，宽72—93mm，灰棕色，满布棕黑色或锈色虫纹斑，具脊棱；颈盾窄长，椎盾5枚，宽大于长，第1枚五边形，肋盾4对，缘盾11对，臀盾1对；腹甲平坦，几与背甲等长，浅棕黄色，有云斑，前缘宽小于后缘，前端平截，后端略凹；头背光滑无鳞，头背棕色、灰褐色或黄绿色，满布黑褐色虫纹，头后侧通常具1对眼状斑，眼斑中央有1—3个黑点；四肢较扁平，爪尖细而扁，指、趾间有全蹼；尾纤细。

生活习性： 栖息于低山、丘陵区溪流或沟渠。杂食性，主食鱼、虾、螺蚌和蜗牛等。

省内分布： 顺昌、永安、清流、宁化、大田、尤溪、新罗、长汀、上杭、武平、连城、漳州市区、漳浦、诏安、长泰、南靖、平和、华安、厦门、永春、德化、莆田市区、福州市区、福清等地。

保护级别： 国家二级保护野生动物（仅限野外种群）。

四眼斑水龟

Sacalia quadriocellata

龟鳖目 地龟科

形态特征：雄性背甲长122—135mm，宽76—92mm，雌性背甲长130—134mm，宽73—95mm，较扁平，黑褐色，具脊棱；颈盾窄长，椎盾5 枚，第1 枚五边形，肋盾4 对，缘盾11 对，臀盾1 对；腹甲平坦，浅棕黄色，略短于背甲，前端平截，后缘略凹；头、颈部棕橄榄色，喉部色较浅，有两块棕红色斑；颈部具多条棕红色纵纹，颈背3 条尤为明显，头后侧有2 对前后紧密排列的眼斑，每一眼斑有1—4 个黑点，头部光滑无鳞，吻短而尖，超出下颌，垂直向下达颌缘；四肢平扁，黑褐色，内侧及腹面色浅，前肢外侧有若干大鳞，指、趾间全蹼，爪尖细而侧扁；尾纤细，尾色背深腹浅。

生活习性：栖息于山区丛林山溪中。杂食性，主要以鱼、虾和水生昆虫等为食，也食果实。

省内分布：大田、尤溪、武平、漳州市区、漳浦、诏安、长泰、南靖、平和、华安、永春、福清等地。

保护级别：国家二级保护野生动物（仅限野外种群）。

独山半叶趾虎

Hemiphyllodactylus dushanensis

有鳞目 壁虎科

形态特征：全长70—97mm，头体长等于或大于尾长；体背及喉被小粒鳞；躯干腹面及尾被覆瓦状鳞。指、趾间无蹼。指、趾扩展部攀瓣一般为3444/4555对，趾下瓣均达到趾缘。体色为灰色或深棕色，体背面有连续的深褐色纵线纹，杂以浅棕色细点，尾基部背面大多具有“U”形白斑，尾背面有浅棕色横斑。

生活习性：栖息于墙缝、岩缝中。活动较迟缓。夜间捕食昆虫。

省内分布：上杭、连城、德化等地。

原尾蜥虎

Hemidactylus bowringii

有鳞目 壁虎科

形态特征： 全长88—125mm，头体长小于尾长；背面淡肉色，有4—5条浅褐色纵斑，吻端经鼻孔及眼至耳孔有浅褐色纵纹，四肢背面和尾背面有浅褐色横斑，体腹面淡肉色。吻鳞梯形，上缘中央具一纵凹，鼻孔位于吻鳞、第1上唇鳞、上鼻鳞及2枚后鼻鳞之间；体背被均一的粒鳞，吻部的粒鳞大，头部腹面具粒鳞，躯干部腹面被覆瓦状鳞；指、趾中等扩展，指、趾间无蹼；尾的断面呈扁圆形，近基部处更纵扁，向尾端渐尖，尾背面被均匀粒鳞，腹面中央为1列横宽的鳞。

生活习性： 匿居于墙缝、屋檐、树洞、石隙等处。夜间活动，在灯光下捕食蛾、蚊和白蚁等。

省内分布： 延平、邵武、武夷山、建瓯、顺昌、浦城、光泽、松溪、政和、大田、尤溪、沙县、将乐、泰宁、建宁、新罗、漳平、长汀、上杭、武平、连城、漳州市区、云霄、漳浦、诏安、东山、南靖、平和、华安、厦门、泉州市区、石狮、晋江、南安、永春、莆田市区、仙游、福州市区、福清、闽侯、连江、罗源、闽清、永泰等地。

锯尾蜥虎

Hemidactylus garnotii

有鳞目 壁虎科

形态特征：头体长40—50mm，小于尾长；头顶无对称大鳞，体背无大疣鳞，均为粒状鳞片；体腹面鳞片大而扁平。指、趾长，均匀扩张，整个下表面均具攀瓣，攀瓣对分。指、趾末端均具爪，爪在扩大部上伸出。尾扁平，尾两侧具有明显的橘黄色锯齿状棘鳞，锯齿状棘鳞至尾端不太明显；体背面灰色，杂有不连续的深褐色纵线纹，尾背面有深褐色横斑。

生活习性：主要在晚上活动，白天偶见活动个体。在平房的天花板和墙壁上活动，在灯光附近捕食小昆虫。

省内分布：漳浦、长泰等地。

中国壁虎

Gekko chinensis

有鳞目 壁虎科

形态特征： 全长117—151mm，头体长与尾长相近；体背淡褐色，头背及头侧有褐色纵斑或不规则的花斑，身体余部背面均有褐色横斑，体腹面淡肉色。吻鳞长方形，上缘中央无缺刻，鼻孔位于吻鳞、第1上唇鳞、上鼻鳞及2—3枚后鼻鳞之间；体背被粒鳞，吻部的粒鳞扩大，枕部到尾基的粒鳞间散有圆形或圆锥形的疣鳞；体腹面被覆瓦状鳞；四肢背面被小粒鳞，腹面被覆瓦状鳞；指、趾间具蹼，蹼缘达指、趾的1/2或1/3；尾稍纵扁，基部每侧有1个肛疣，雄性的明显扩大；尾被覆瓦状鳞，背面鳞片较小，每7—9行成1节，腹面鳞片较大，中央具1列横向扩大的鳞板。

生活习性： 栖息于野外林区的山洞内或建筑物的缝隙内。常在建筑物墙的较高处和天花板上活动，动作敏捷。捕食小型昆虫。

省内分布： 延平、邵武、顺昌、浦城、光泽、松溪、政和、大田、尤溪、沙县、将乐、泰宁、建宁、新罗、漳平、长汀、上杭、武平、连城、漳州市区、云霄、漳浦、诏安、东山、平和、华安、厦门、泉州市区、石狮、晋江、南安、永春、德化、福州市区、闽清、永泰、宁德市区、福安、福鼎、霞浦、古田、屏南、寿宁、周宁、柘荣等地。

铅山壁虎

Gekko hokouensis

有鳞目 壁虎科

形态特征：全长102—141mm，头体长与尾长相近；体背面灰棕色，具深褐色横斑，从吻端经眼至耳孔有一黑色纵纹，体腹面淡肉色；吻鳞长方形，上缘中央无缺刻，鼻孔位于吻鳞、第1上唇鳞、上鼻鳞及2—3枚后鼻鳞间；体背被粒鳞，吻部粒鳞大，两侧粒鳞稍大，圆锥状疣鳞显著大于粒鳞，体腹面被覆瓦状鳞；四肢背面被小粒鳞，均无疣鳞，腹面被覆瓦状鳞；指、趾间具蹼迹；尾稍纵扁，基部每侧有1个肛疣，雄性的明显扩大，尾背面被小覆瓦状鳞，腹面被较大的覆瓦状鳞，中央具1列横向扩大的鳞板。

生活习性：栖息于建筑物的缝隙及洞中，亦居住于野外砖石下及草堆内。捕食昆虫和蜘蛛等。

省内分布：延平、武夷山、顺昌、浦城、光泽、松溪、政和、大田、尤溪、沙县、将乐、泰宁、建宁、福州市区、闽侯、连江等地。

多疣壁虎

Gekko japonicus

有鳞目 壁虎科

形态特征：全长99—149mm，头体长与尾长相近；体背面灰棕色，具褐色横斑，体腹面淡肉色；吻鳞长方形，上缘中央无缺刻，鼻孔位于吻鳞、第1上唇鳞、上鼻鳞及2—3枚后鼻鳞间；体背被粒鳞，吻部粒鳞扩大，圆锥状疣鳞显著大于粒鳞，颞部、枕部、颈背及腰后疣鳞甚多，体腹面被覆瓦状鳞。四肢背面被小粒鳞，前臂粒鳞间有少量疣鳞，小腿粒鳞间的疣鳞较多，腹面被覆瓦状鳞；指、趾间具蹼迹；尾稍纵扁，基部每侧大多有3个肛疣，尾被覆瓦状鳞，背面的小，腹面的较大，中央有1列横向扩大的鳞板。

生活习性：栖息于建筑物的缝隙以及岩缝、石下、树下或柴草堆内。捕食蛾和蚊类。

省内分布：延平、邵武、武夷山、建瓯、建阳、顺昌、浦城、光泽、松溪、政和、三元、永安、明溪、清流、宁化、大田、尤溪、将乐、泰宁、建宁、新罗、漳平、长汀、武平、连城、惠安、安溪、永春、德化、莆田市区、仙游、福州市区、福清、闽侯、连江、罗源、闽清、永泰、宁德市区、福安、福鼎、霞浦、古田、屏南、寿宁、周宁、柘荣等地。

黑疣大壁虎

Gekko reevesii

有鳞目 壁虎科

形态特征：体粗壮，全长224—272mm，头体长大于尾长；背部蓝灰色或紫灰色，具砖红色及蓝色的花斑，形成横斑；吻鳞略呈五角形，不接鼻孔，鼻孔位于第1上唇鳞、上鼻鳞及3—4枚后鼻鳞之间；头被粒鳞，体背被多角形小鳞，枕至尾基小鳞间具纵列疣鳞，中央疣鳞扁圆形，两侧圆锥状；体腹面被覆瓦状鳞；四肢背面被多角形小鳞，腹面被覆瓦状鳞；指、趾间微蹼；尾稍纵扁，基部每侧具1—3个肛疣，尾背被方形小鳞，每节后缘有1横列6个疣鳞，尾腹面被较大方形鳞。

生活习性：栖息于石缝、树洞、房舍墙壁顶部。捕食昆虫、蜘蛛、蜗牛等。

省内分布：厦门、南安等地。

保护级别：国家二级保护野生动物。

蹼趾壁虎

pǔ

Gekko subpalmatus

有鳞目 壁虎科

形态特征：全长106—160mm，头体长与尾长相近；背面灰色或深棕褐色，具褐色横斑，从眼前经眼至耳孔有一条褐色纵纹，腹面肉色，散布有深棕斑点；吻鳞长方形，上缘中央一般无缺刻，鼻孔位于吻鳞、第1上唇鳞、上鼻鳞及2—3枚后鼻鳞间；体背粒鳞，吻部粒鳞扩大，体腹面被覆瓦状鳞；四肢背面被小粒鳞，腹面被覆瓦状鳞；指、趾间具蹼，蹼缘达趾的1/3处或更少；尾稍纵扁，基部每侧有1个肛疣，雄性的明显扩大；尾背面被小覆瓦状鳞，尾腹面的覆瓦状鳞较大，中央具1列横向扩大的鳞板。

生活习性：栖息于房屋的墙壁缝隙内或野外草堆及石缝等处。捕食小型昆虫。

省内分布：延平、武夷山、邵武、顺昌、大田、将乐、新罗、漳平、长汀、武平、连城、德化、长乐等地。

铜蜓蜥

Sphenomorphus indicus

有鳞目 石龙子科

形态特征：雄性头体长55—90mm，尾长97—158mm，雌性头体长63—96mm，尾长101—150mm，尾长为头体长的1.5—2倍；体背面古铜色，中央有1条断断续续的黑纹，体侧有1条宽黑褐色纵带，腹面浅色无斑，四肢背面黄棕色，间杂黑色和浅色小点，唇缘浅色，具黑色纵纹；吻短而钝，吻鳞突出；体表被圆鳞，覆瓦状排列，平滑无棱；尾基至尾尖渐缩小成圆锥形，易断，能再生；四肢较弱，指、趾略侧扁，具爪。

生活习性：栖息于平原及山地阴湿草丛、荒石堆或有裂隙的石壁处。以蜘蛛、蚯蚓、螺和昆虫为食。

省内分布：全省广泛分布。

股鳞蜓蜥

Sphenomorphus incognitus

有鳞目 石龙子科

形态特征：雄性头体长90—106mm，尾长145—182mm；雌性头体长83—107mm，尾长93—173mm，尾长约为头体长的1.4—1.8倍；头背和体背灰棕色，具密集的黑色点斑，体侧有密集的黑点与灰色点相间组成的深色条纹，不形成明显纵带，体侧下方灰色，有密集的黑白相间的麻点，四肢背面灰棕色，亦具黑白麻点，体腹面浅色无斑；吻端钝，吻鳞突出，体被覆圆鳞，覆瓦状排列，鳞片平滑或具很微弱的棱；指、趾长，侧扁，均具爪，后肢股外侧有一团大鳞；尾基部粗壮，向后渐尖，尾腹面正中1行鳞略扩大，易断，再生力强。

生活习性：栖息于海拔600—2000m的杂草地或砾石与杂草交错地。以昆虫为食。

省内分布：延平、邵武、武夷山、顺昌、光泽、政和、三元、将乐、泰宁、建宁、福州市区等地。

中国石龙子

Plestiodon chinensis

有鳞目 石龙子科

形态特征：体较粗壮，体全长207—314mm，尾长为头体长的1.5倍左右；背面橄榄色，头部棕色，背部有5条浅色纵线不明显，正中1条在头部不分叉，颈侧及体侧红棕色，侧纵线由断续斑点缀连而成。背面和腹面散布浅色斑点，腹面白色；吻钝圆，吻鳞大；体鳞平滑，圆形，覆瓦状排列；尾腹面正中1行鳞扩大；四肢发达，膝部有两对大的垫状板鳞，后对最大，有时分离。

生活习性：栖息于低海拔的山区、平原地带的房屋或路边草丛、林下落叶杂草中，白天活动。主食昆虫，也食蛙、蝌蚪等。

省内分布：全省广泛分布。

蓝尾石龙子

Plestiodon elegans

有鳞目 石龙子科

形态特征：雄性头体长63—91㎜，尾长81—132㎜；雌性头体长61—82㎜，尾长87—153㎜，尾长不到头体长的1.5倍；背面棕黑色，有5条浅黄色纵纹，正中1条浅纵线纹，在顶间鳞部位向前分叉，体侧线下缘有1较宽的深褐色带状纹，向腹部渐浅，面颊与体侧具2条红色纵线；体鳞平滑，覆瓦状排列；尾基下面正中1行鳞横向扩大；指、趾侧扁，具爪，基部鳞片密集。

生活习性：栖息于山区路旁草丛、石缝、或树林下溪边乱石堆杂草中。以昆虫为食。

省内分布：全省广泛分布。

崇安石龙子

Plestiodon popei

有鳞目 石龙子科

形态特征：体形呈圆柱形，已知2 个幼体标本头体长分别为25.3mm 和26.8mm，尾长分别为34mm 和37mm；头背部有对称排列的大鳞，瞳孔圆形，舌头相当长而扁，前端有微缺；全身均被覆瓦状排列的平滑圆鳞片，背面具5 条纵纹，中央1 条在第1 对颈鳞处分叉达吻端；后颏鳞单枚，后颞鳞略呈三角形；尾巴粗，横切面呈圆形，易断但可再生。

生活习性：栖息于山区。

省内分布：武夷山市。

备注：崇安石龙子是福建特有种，目前已知标本共4 号，其中两个标本为刚孵出的幼体，另两个标本为充分发育的胚胎，标本存于美国自然历史博物馆，系CH Pope1925—1926 年采集于崇安县（现武夷山市）。

宁波滑蜥

Scincella modesta

有鳞目 石龙子科

形态特征：体型较小，头体长38—43mm，尾长45—55mm，尾部比头体稍长；背面古铜色或黄褐色，密布不规则黑色或黑褐色点斑或线纹，吻端至尾端有黑褐色侧纵纹，纵纹上缘波状，下缘不规则，侧纵纹下面红棕色，间杂黑斑，体侧灰褐色或深灰色，腹面灰白色或黄灰色，无斑；尾下面浅黄色或白色，末端黑点密布，尾基部黑点大而稀疏，头背黄棕色或褐色；头明显宽于颈部，吻短钝；背鳞平滑无棱；指、趾短，掌蹠部被粒鳞。

生活习性：栖息于阳坡溪边的卵石间或草丛下的石缝。以昆虫为食。

省内分布：延平、邵武、武夷山、顺昌、光泽、政和、大田、尤溪、沙县、将乐、新罗、武平、连城、永春、德化、福清等地。

光蜥

Ateuchosaurus chinensis

有鳞目 石龙子科

形态特征：体形较粗壮，雄性头体长68—94mm，尾长70—101mm，雌性头体长65—90mm，尾长82—88mm；背面棕色，每个鳞片中央具一小黑点，边缘较浅或具黑色和白色点斑，在体背缀连成行，颈侧深褐色明显，体侧浅黄褐灰色，具黑斑点；吻短而钝圆；背鳞覆瓦状排列，每个背鳞具2—3个弱的纵棱；腹鳞平滑；尾基部粗大，向后渐细尖，尾下鳞不扩大；四肢短小，指、趾短，略侧扁，掌蹠部被覆圆锥形粒鳞。

生活习性：栖息于低山区山脚的树木落叶间、水塘边浅草丛或住宅附近竹林下。主食昆虫。

省内分布：大田、尤溪、漳州市区、东山、南靖、泉州市区、石狮、南安、永春、莆田市区、宁德市区、福鼎、霞浦、寿宁、柘荣等地。

北草蜥

Takydromus septentrionalis

有鳞目 蜥蜴科

形态特征：头体长45—76mm，平均约为62mm；尾长81—242mm，平均约为173mm，尾长为头体长的2—3倍；背面棕绿色，腹面灰白色或灰棕色，眼至肩部常有1 条窄纵纹，雄性背鳞外侧有1 草绿色的纵纹，体侧有不规则深色斑；体背部中段起棱，有大棱鳞6纵，腹部起棱大鳞8 纵行，纵横排列，略呈方形。

生活习性：栖息于丘陵、山地的灌草丛中，也见于农田、茶园、溪边、路边，行动迅速。捕食昆虫及幼虫。

省内分布：延平、邵武、武夷山、建瓯、顺昌、浦城、光泽、松溪、政和、三元、永安、明溪、清流、宁化、大田、尤溪、将乐、泰宁、建宁、新罗、漳平、长汀、上杭、武平、连城、泉州市区、石狮、晋江、南安、永春、德化、福州市区、福清、闽侯、连江、罗源、闽清、永泰、宁德市区、福安、柘荣、福鼎、霞浦、古田、屏南、寿宁、周宁等地。

南草蜥

Takydromus sexlineatus

有鳞目 蜥蜴科

形态特征：头体长40—64mm，尾长81—222mm，尾长为头体长的3—4 倍；背面橄榄棕色或棕红色，尾部稍浅；头侧至肩部上半棕褐色，下半米黄色；边缘近黑色，体侧均匀分布黑边绿色圆斑。雄性背有2 条窄绿纵纹，尾部有深色斑；背部起棱大鳞4 行，腹鳞10—12 行。

生活习性：栖息于海拔700—750m 山地草丛。主要捕食蚱蜢等昆虫。

省内分布：武夷山、三元、永安、明溪、清流、宁化、大田、尤溪、将乐、泰宁、建宁、新罗、长汀、武平、连城、龙海、漳浦、诏安、东山、厦门、泉州市区、永春、德化、莆田市区、宁德市区、霞浦、屏南、柘荣等地。

崇安草蜥

Takydromus sylvaticus

有鳞目 蜥蜴科

形态特征：背面暗绿色，腹面色浅，体侧有1条白色纵纹；吻狭长，吻棱显著；背鳞较小，仅略大于侧鳞，且不呈明显纵行，覆瓦状，具强棱，体侧粒鳞，腹鳞大，排成6纵行，中央4行大且平滑，外侧2行小而具弱棱且游离缘尖出；四肢较短小而纤细，指、趾侧扁；尾细长。

生活习性：多栖息于荒山灌丛、杂木林边缘，有蜕皮和冬眠习性。以蜘蛛、蜗牛、昆虫为食。

省内分布：武夷山、周宁等地。

白条草蜥

Takydromus wolteri

有鳞目 蜥蜴科

形态特征：体形圆长而稍扁平，头体长38—66mm；尾长45—130mm，尾长为头体长的2 倍左右；体色变化较大，灰褐色、淡灰色、土黄色、棕灰色或黑褐色，腹部灰白色，体背和体侧均具2 条纵行白纹；背鳞较大，均具强棱，腹鳞平滑，体侧除腰部左右具4 行较小棱鳞外，皆为颗粒状鳞。

生活习性：多栖息于荒山灌丛、杂木林边缘、山坡田地等处，有蜕皮和冬眠习性。食性较广，以蜘蛛、蜗牛、昆虫为食。

省内分布：沙县、德化、福清等地。

脆蛇蜥

Ophisaurus harti

有鳞目 蛇蜥科

形态特征：体肥壮，尾长不超过头体长的 1.5 倍；体背浅褐色及灰褐色，部分个体为红褐色，体背前段有 20 多条不规则蓝黑色或天蓝色的横斑及点斑，颈部至尾端有色深形粗的纵线，越至后段越清晰，腹部无斑纹，头顶具 2 个醒目的黑色圆斑；无四肢，体侧自颈后至肛侧各有纵沟 1 条；体侧纵沟间背鳞 16—18 纵行，中央 10—12 行鳞大而起棱，前后棱相连续成为清晰的纵脊。

生活习性：栖息于山林、灌草丛、茶园和农田，营洞穴生活，洞穴多匿藏在隐蔽、向阳而背风的草根、树或大石下。肉食性，多捕食蚯蚓、蜗牛和昆虫。

省内分布：延平、建瓯、邵武、武夷山、顺昌、浦城、松溪、政和、大田、尤溪、沙县、将乐、泰宁、建宁、闽清、永泰等地。

保护级别：国家二级保护野生动物。

斑飞蜥

Draco maculatus

有鳞目 鬣蜥科

形态特征：头体长80mm，尾长125mm左右，尾长约为头体长的1.5倍；背面灰棕色或铜绿色，有黑色横斑，腹面黄白色，有不规则的黑色点斑；体侧有翼状皮膜，翼膜背面橙黄色或橘红色，散有许多粗大的黑色斑点，以黑色细纵线相连，翼膜腹面灰白色；鼻鳞大而突起，鼻孔开向两侧，鼓膜被鳞；背鳞平滑，腹鳞具强棱；四肢较扁平，侧缘鳞片有栉状缘，后肢股与胫有皮膜相连不能伸直；指、趾细长而侧扁，两侧有栉状缘；尾细长，被棱鳞，两侧有栉状缘，尾基部较膨大。

生活习性：栖息于热带、亚热带森林或低矮的山林边缘，营树栖生活。以昆虫为食。

省内分布：南靖县。

丽棘蜥

Acanthosaura lepidogaster

有鳞目 鬣蜥科

形态特征：体粗壮，雄性头体长约76mm，雌性约81mm，头体长小于尾长，背腹略扁平，吻钝圆，头背部为淡黑灰色，体背灰棕色，前部中央有1菱形棕黑斑，体背具黑褐色斑纹，体侧浅绿黄色，体腹面色浅，有分散不规则黑点斑，尾背有棕黑色环纹；颈鬣5—9枚，形侧扁窄长，背鬣较颈鬣低矮，呈锯齿状，自前至后逐渐变小，两者不连续；体鳞不规则覆瓦状，腹鳞比背鳞大，明显起棱；尾细长而侧扁，基部膨大，雄性尾基腹面突起；四肢强壮，指、趾均有爪。

生活习性：栖息于海拔400—1200m山区林下，常活动在路旁、溪边、灌丛下。主食昆虫等。

省内分布：延平、邵武、武夷山、顺昌、浦城、光泽、松溪、政和、大田、尤溪、沙县、将乐、泰宁、建宁、南靖、南安、永春、德化等地。

钩盲蛇

Indotyphlops braminus

有鳞目 盲蛇科

形态特征：体型较小，一般全长100㎜；形状与蚯蚓相似，双眼退化成两颗小圆点；身体黑褐色，背部较深，腹部较浅，具金属光泽，吻端、肛部及尾尖带白色；头部的鳞片非常细碎，而且与身体其他部位的鳞片大小相同，尾末端有一枚很细小的尖鳞。

生活习性：栖息于山区地下、石下，营穴居生活。食昆虫。

省内分布：延平、邵武、武夷山、建瓯、顺昌、浦城、光泽、松溪、政和、三元、永安、明溪、清流、宁化、大田、尤溪、将乐、泰宁、建宁、新罗、漳平、长汀、上杭、武平、漳州市区、云霄、东山、南靖、平和、华安、厦门、石狮、晋江、南安、德化、莆田市区、仙游、福州市区、福清、闽侯、连江、闽清、永泰、宁德市区、福安、霞浦、古田、屏南、周宁、柘荣等地。

红尾筒蛇

Cylindrophis ruffus

有鳞目 筒蛇科

形态特征：全长430mm左右，头扁眼小，无明显颈部，躯干圆柱形，尾极短；腹鳞分化不明显，仅略大于相邻背鳞；雄性肛侧有呈距状的残留后肢；通身棕褐色，体侧有40对白色横斑，横斑于背脊两侧略呈交错排列，在腹面相遇或交错止于腹中线，尾腹面肉红色。

生活习性：栖息于枯枝落叶下或地下，穴居生活。食蛇或鳗。

省内分布：厦门。

保护级别：国家二级保护野生动物。

海南闪鳞蛇

Xenopeltis hainanensis

有鳞目 闪鳞蛇科

形态特征：雄性全长约865mm，雌性约610mm。躯干圆柱形，尾短，背面蓝褐色，有金属光泽，有1—2条断续白纵纹，最下一行背鳞灰白色；腹面灰白色，尾后段尾下鳞蓝褐色；头较小而略扁，吻端圆钝，头背蓝褐色，头腹浅蓝灰色或浅褐色。

生活习性：栖息于海拔200—800m的平原、丘陵与低山地区，夜行性。捕食小型脊椎动物。

省内分布：延平、武夷山、闽清等地。

蟒蛇 别名：蟒

Python bivittatus

有鳞目 蟒科

形态特征：体长 3—5m。头部腹面黄白色，体背棕褐色、灰褐色或黄色，体背及两侧均有大块镶黑边云豹状斑纹，体腹黄白色。头小，吻端较平扁，吻鳞宽大于高，背面可见，鼻孔位于鼻鳞两侧，瞳孔直立，椭圆形。泄殖肛孔两侧具爪状后肢残迹。

生活习性：善攀援，可长期生活在水中，嗜昏睡，喜热怕冷。有冬眠行为，大多利用自然洞穴、兽穴及岩窟。杂食性，以鼠、鸟、两栖和爬行类为食。

省内分布：延平、顺昌、浦城、光泽、松溪、政和、三元、永安、大田、尤溪、新罗、永定、漳平、武平、云霄、漳浦、诏安、南靖、厦门、泉州市区、晋江、南安、惠安、安溪、永春、德化、莆田市区、仙游、福州市区、闽侯、闽清、永泰、宁德市区、福安、福鼎、霞浦、古田、屏南、寿宁、周宁、柘荣等地。

保护级别：国家二级保护野生动物。

棕脊蛇

Achalinus rufescens

有鳞目 闪皮蛇科

形态特征： 雄性全长约342mm，雌性约419mm；背面棕色，有一深色脊纹，占脊鳞及其两侧各半行鳞片，腹面米黄色；体细长，头颈区分不明显；背鳞窄长，披针形，略具金属光泽，均具棱或仅最外一行平滑而扩大。

生活习性： 栖息于平原、丘陵及山区，穴居。食蚯蚓。

省内分布： 延平、邵武、武夷山、建瓯、顺昌、浦城、光泽、松溪、政和、三元、永安、明溪、宁化、大田、尤溪、将乐、泰宁、新罗、漳平、长汀、上杭、武平、连城、漳州市区、云霄、漳浦、诏安、长泰、南靖、泉州市区、安溪、永春、德化、福州市区、福清、闽侯、连江、罗源、闽清、永泰等地。

黑脊蛇

Achalinus spinalis

有鳞目 闪皮蛇科

形态特征：体细长，呈圆柱状，全长500mm左右；背面棕黑色，略具金属光泽，背中央有1条醒目的黑脊线，线宽占脊鳞及其左右各半鳞，腹面色浅；背鳞窄长，除最外行较大而平滑外，其余明显具棱。

生活习性：栖息于山区、丘陵地带，穴居。食蚯蚓。

省内分布：延平、邵武、武夷山、建瓯、顺昌、浦城、光泽、松溪、政和、三元、大田、尤溪、建宁、新罗、长汀、武平、连城、德化、福州市区、福清、闽侯、连江、闽清、永泰、宁德市区、福安、霞浦、古田、屏南、寿宁、周宁、柘荣等地。

平鳞钝头蛇

Pareas boulengeri

有鳞目 钝头蛇科

形态特征：雄性全长可达450mm，雌性可达530mm。头与颈易区分，体略侧扁。体背面黄褐色，散有大小不一的黑斑，自眶上鳞向后各有1条黑纹，至颈部左右合成一段较粗的黑纹。腹面灰白色。

生活习性：栖息于山区。食蛞蝓、蜗牛。

省内分布：延平、邵武、武夷山、沙县、泰宁等地。

中国钝头蛇

Pareas chinensis

有鳞目 钝头蛇科

形态特征：全长441—561mm，最长可达682mm。头较大，吻钝而圆，头和颈易区别；眼大，瞳孔竖椭圆形；体略侧扁。体背面棕褐色或黄褐色，有不规则黑色横斑，头背面自眶后鳞、顶鳞向后，各有1条黑纹，左右2条黑纹至颈合成1条粗黑纹，止于颈后部。

生活习性：栖息于山区的农田、茶园或溪流附近，可攀爬于灌木上。食蜗牛、蛞蝓为主，偶食小鱼。

省内分布：邵武、武夷山、顺昌、浦城、光泽、松溪、政和、连城、武平、漳州市区、云霄、长泰、南靖、平和、永春、德化、福州市区、屏南、周宁、柘荣等地。

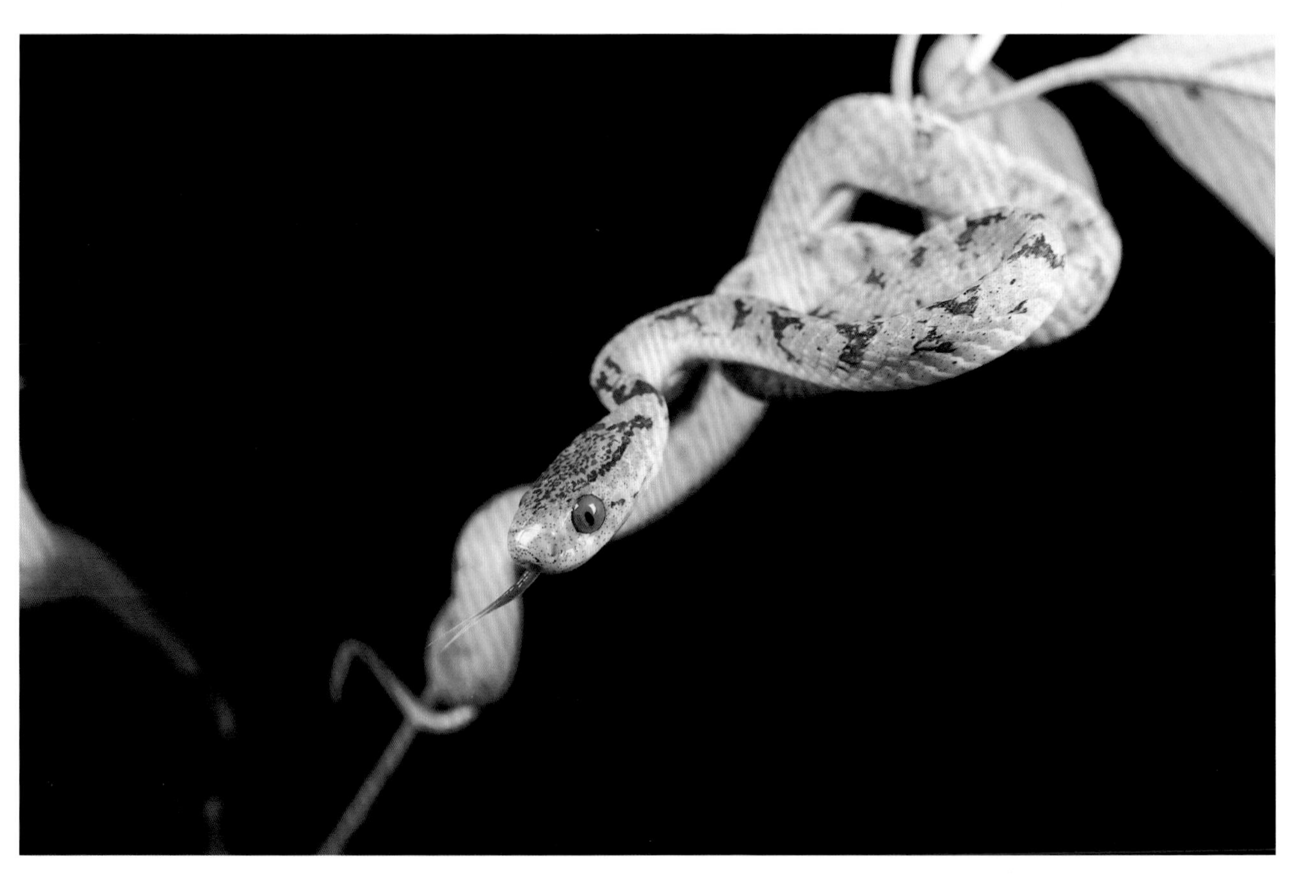

福建钝头蛇

Pareas stanleyi

有鳞目 钝头蛇科

形态特征：全长415—504mm。体略侧扁，头较大，长椭圆形，与颈区分明显；眼大，瞳孔不明显。头背面自鼻间鳞后缘至枕部有1个大黑斑，此斑在枕部分叉，分别与来自眼后的细黑线纹会合止于颈后部。体背面黄褐色或棕黄色，自颈部至尾部有不规则的黑色横斑，腹面灰褐色或黄白色，布有黑点。

生活习性：栖息于海拔1000m左右的山区。食蜗牛、蛞蝓。

省内分布：邵武、武夷山、建阳、建瓯、顺昌、浦城、光泽、松溪、政和、沙县、将乐、泰宁、建宁、漳州市区、云霄、诏安、长泰、南靖等地。

白头蝰

kuí

Azemiops kharini

有鳞目 蝰科

形态特征：全长约1m。头较大，椭圆形，与颈区分明显，吻短而宽，鼻眼间无颊窝。躯干及尾背面紫棕色、蓝紫色、紫褐色、青棕色或暗灰色，其上有10—15+3—4个朱红色、粉红色或黄白色窄横斑，此斑交错排列或左右对应；头部灰白色，有淡褐色纵纹；腹面灰白色无斑，或橄榄灰色散以小白点。

生活习性：栖息于海拔1000—1500m的山地，亦见于丘陵和平原，常活动于草地、针阔混交林林缘、碎石堆、田埂、草堆和草丛中。夜间或晨昏活动，白天极少发现。食鼠、鼩等。

省内分布：光泽、宁化、新罗、武平、南靖、平和、泉州市区、福州市区、福安等地。

泰国圆斑蝰

Daboia siamensis

有鳞目 蝰科

形态特征： 全长650—1150mm。头较大，略呈三角形，与颈区分明显；体粗壮而尾短，背鳞棱强；鼻孔大，位于头背侧。头背有 3 个深棕色斑，下唇缘、颏片及喉部也散有深棕色斑，略呈横排。体尾背面棕褐色，有 3 行深色大圆斑，背脊中央 1 行 30 个左右，较大，其两侧各 1 行略小而与前者交错排列。圆斑中央紫色，周围黑色镶以黄色细边；每两行圆斑之间还嵌有 1 行粗大而不规则的黑褐色点斑。腹面灰白色，每腹鳞上有 3—5 个近于半月形的深褐色斑，前后缀连略成数纵行；尾腹面灰白色而散有细黑点。

生活习性： 栖息于亚热带平原、丘陵、山区，活动于开阔的田野。受到惊扰，常连续发出“呼呼”声。昼夜均见活动。主要食鼠、鸟、蛇、蜥蜴和蛙等。

省内分布： 大田、漳州市区、云霄、漳浦、诏安、长泰、泉州市区、晋江、南安、惠安、安溪等地。

保护级别： 国家二级保护野生动物。

角原矛头蝮

Protobothrops cornutus

有鳞目 蝰科

形态特征：全长430—680mm。头呈三角形，头颈部区分明显，头部被粒鳞。鼻眼间有颊窝。上眼睑向上形成1对向外斜、被细鳞的角状物，基部呈三角锥形。鼻鳞到两角基前侧有黑褐色“X”形斑。从角后侧至头后枕部有1对黑褐色弧形斑。眼后至喉侧有一浅色粗条纹，浅色条纹下面为黑褐色粗条纹。体背面灰色，渐向体侧色浅，自颈至尾有左右交错排列镶金边的黑褐色方斑。腹鳞淡灰色，两侧有深褐色斑。

生活习性：栖息于常绿阔叶林，山区道路旁、溪流和村庄附近。以鼠、蛙、蟾为食。

省内分布：福清、宁德市区等地。

保护级别：国家二级保护野生动物。

原矛头蝮

Protobothrops mucrosquamatus

有鳞目 蝰科

形态特征：全长1m左右。头较长，三角形，颈细，吻较窄，头背鳞细小。背面棕褐色、淡褐色、红褐色、灰黄色或灰褐色，自颈至尾正中有1行暗紫色或暗褐色链状斑，两侧各有1行较小的不规则斑；头背有深褐色“∧”形斑，头侧黄白色。腹面灰褐色或浅褐色，有许多斑块，腹鳞大，有光泽。

生活习性：栖息于平原丘陵、低山区。常见于灌丛、竹林、茶山、农田、溪边，亦见于村舍附近的草丛、柴草堆、垃圾堆、石缝中。能上树，尾有缠绕性。日夜均活动，夜间较活跃。食物以鼠及食虫目动物为主，亦食蛙、蛇、鸟。

省内分布：全省广泛分布。

尖吻蝮

Deinagkistrodon acutus

有鳞目 蝰科

形态特征：全长可达150cm。头大，为典型三角形，颈明显，吻端尖出，明显上翘，为吻鳞和鼻间鳞延伸形成，有颊窝，大而椭圆。体粗壮，尾短。背面棕色或棕褐色，自颈至尾有明显的灰白色或黄白色菱形大方斑块15—20+2—5 个，至尾后段此斑消失，呈黑褐色；两侧有深褐色或黑褐色“∧”形大斑纹，彼此构成几何图案；头背棕褐色，头侧黄白色；腹面白色，两侧及中部有40—44 个黑色念珠斑。

生活习性：栖息于山区、丘陵地带，喜在树林底层落叶间、灌丛、杂草中、山溪旁岩石上栖息，亦可见于农田、沟边、道旁。晨昏活动，阴雨天更活跃。饱食后常盘曲不动。有扑明火习性。食鼠、鸟、蜥蜴、蛙。

省内分布：延平、邵武、武夷山、建瓯、建阳、顺昌、浦城、光泽、松溪、政和、三元、永安、明溪、宁化、将乐、泰宁、建宁、清流、武平、连城、南靖、南安、永春、福安、福鼎、古田、屏南、寿宁、周宁、柘荣等地。

台湾烙铁头蛇

Ovophis makazayazaya

有鳞目 蝰科

形态特征：全长560—1100mm。头较短，三角形，颈细，吻钝圆，有颊窝。背面棕黄色、土黄色、棕褐色或红棕色，正中有2行略成方形的深棕色或黑褐色大斑块，彼此交错排列，有的地方左右或前后相连；两侧有大小不一的黑褐色斑。眼后至口角有黑色条纹，吻及头侧浅棕黄色；腹面浅褐色或浅棕黄色，散有深褐色斑点。

生活习性：栖息于海拔600—2400m的山区。常于农田草丛中捕食，亦到村舍附近捕鼠，有时亦见于路边，夜间活动，行动迟钝。食啮齿类与食虫类动物。

省内分布：延平、邵武、武夷山、建瓯、建阳、顺昌、浦城、光泽、松溪、政和、沙县、将乐、泰宁、建宁、连城、安溪、永春、德化等地。

福建竹叶青蛇

Viridovipera stejnegeri

有鳞目 蝰科

形态特征： 全长878—1030mm，最长可达2m 以上。头大，呈典型三角形，略扁平，颈细；有颊窝，吻较窄。头、体背翠绿色，两侧与腹鳞相接处各有1 条红色、白色或红白各半的纵纹，有的个体纯绿色无纵纹，眼红色，尾焦红色；腹面淡黄绿色或黄白色。

生活习性： 栖息于低山区和平原。常见于溪流边草丛、岩石、灌丛、树林、竹林、果园、水田耕地等处，有时亦见于村舍附近，亦常见吊挂或缠绕在竹枝、树枝上，体色与环境相同，很难发现。夜间活动频繁，以食鼠类为主，亦食蛙、蜥蜴、鸟。

省内分布： 全省广泛分布。

白唇竹叶青蛇

Trimeresurus albolabris

有鳞目 蝰科

形态特征：全长635—872mm。头大，三角形，颈细；头顶为小细鳞，有颊窝；背面绿色，有不太明显的黑色横斑，背鳞最外1行有白斑，自颈至尾前后相连成1条白色纵纹；上唇鳞白色，腹面黄白色，尾焦红色。

生活习性：栖息于平原、丘陵及海拔1000m左右的山地。常见于草地、树丛、水塘边杂草或低矮的灌木林，亦可见于溪旁的大树洞里或村舍附近溪边的岩石上。日夜都活动，夜间活跃。主食鼠，亦食蛙、蝌蚪、蜥蜴。

省内分布：全省广泛分布。

短尾蝮

Gloydius brevicaudus

有鳞目 蝰科

形态特征：全长70cm左右。头为长三角形，颈明显，有颊窝，具白眉（眼后黑带斑背缘的白边）；体较短而粗壮，尾短。背面灰褐色、棕褐色、浅褐色、红褐色或土红色，有2行明显而规则的深色圆斑，交错排列或略并列，圆斑中央色浅，尾后段无斑，色焦黄，背鳞外侧有1行不规则的黑点斑，腹面色浅或灰白，散有许多黑点；颏部黄白色，在其前部两侧各有1个黑斑，但浅色个体无此斑。

生活习性：栖息于平原、丘陵、山区，从海拔313—1900m都有分布。常见于乱石堆杂草坡、灌丛、农田、溪沟、道边、村舍附近。日夜都活动，以黄昏最活跃。天冷时，中午前后较多出现，雨后常上树。食鼠、鸟、蜥蜴、蛇、蛙、鱼。

省内分布：延平、邵武、武夷山、建阳、顺昌、光泽、政和等地。

黑斑水蛇

Myrrophis bennettii

有鳞目 水蛇科

形态特征：体粗尾短，雄性全长645mm，雌性572mm；背鳞平滑，背面暗灰色，具大黑斑，有的缀连成波状纵带；上唇、背鳞外侧3—4 行鳞片及腹面黄白色，最外行背鳞、腹鳞及尾下鳞边缘黑色，腹中央有1 列小黑点，头与颈可分。

生活习性：栖息于稻田、池塘、沟渠，也可见沿岸河口地带的咸水或半咸水中。以鱼为食物。

省内分布：诏安、闽侯等地。

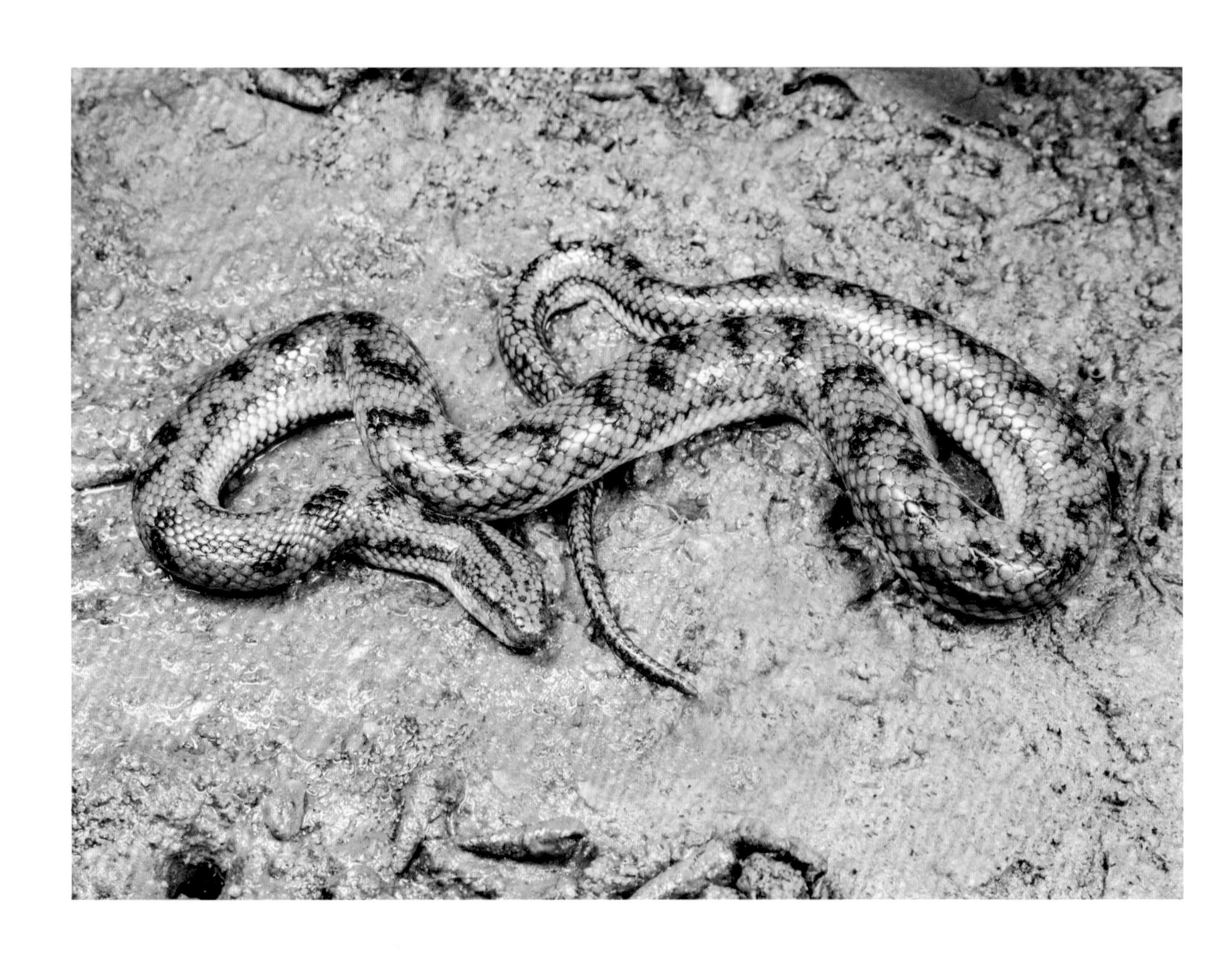

中国水蛇

Myrrophis chinensis

有鳞目 水蛇科

形态特征：体粗壮，雄性全长263—490mm，雌性275—834mm，尾短。背鳞平滑，背面深灰色或灰棕色，具有大小不一的黑点，排成3纵行，背鳞最外行暗灰色，外侧2—3行红棕色，每一腹鳞前半暗灰色，后半黄白色，上唇缘亦为黄白色。头较大，与颈可明显区别；吻端宽钝；雄蛇腹鳞142—154枚，雌蛇138—150枚；肛鳞二分；尾下鳞双行，雄蛇平均40—51对，雌蛇平均40—48对。

生活习性：一般栖息于平原、丘陵或山麓的溪流、池塘、水田或水渠内。主食泥鳅、鱼和蛙。

省内分布：全省广泛分布。

铅色水蛇

Hypsiscopus plumbea

有鳞目 水蛇科

形态特征：体粗尾短，雄性全长430㎜，雌性445㎜；体背面为一致的灰橄榄色，鳞缘色深，形成网纹，上唇及腹面黄白色，背鳞外侧1至2行鳞片带黄色，腹鳞中央常有黑点缀连成一纵线，尾下中央有一明显的黑色纵线。头大小适中，与颈区分不明显，吻较宽短。

生活习性：栖息于平原、丘陵或低山地区的水稻田、池塘、湖泊、小河及其附近水域，多于黄昏及夜间活动。以鱼、蛙为食。

省内分布：全省广泛分布。

紫沙蛇

Psammodynastes pulverulentus

有鳞目 屋蛇科

形态特征：全长50cm左右。头较大，与颈区分明显，瞳孔直立椭圆形；体细长，中段较粗。背面淡紫褐色、紫褐色、灰褐色、黄褐色、红棕色或咖啡色，许多不规则的“∧”形褐色斑纹；腹面淡黄色，密布紫褐色小斑点。

生活习性：栖息于600—1500m的平原、丘陵和山区，常见于林下落叶层、灌丛、草丛、道旁，亦见于石缝中或村舍附近。日夜均活动，以白天频繁，性凶猛，有攻击性。食蛙、蜥蜴。

省内分布：延平、武夷山、建阳、浦城、光泽、松溪、政和、三元、大田、尤溪、将乐、泰宁、建宁、武平、连城、漳州市区、云霄、漳浦、诏安、长泰、东山、南靖、平和、华安、泉州市区、南安、永春、德化、福州市区、福清、闽侯等地。

金环蛇

Bungarus fasciatus

有鳞目 眼镜蛇科

形态特征：全长1000—1550㎜。头椭圆形，略大于颈，头颈可区分；吻钝，有前沟牙；眼小，瞳孔圆形；体粗壮，尾末端钝圆。背面有黄黑色相间的宽环带斑20—28+3—5 个，头背有1 个黄色“∧”形斑。

生活习性：栖息于平原、丘陵地带，常见于潮湿区域、水边，夜间活动。食蛇、蜥蜴、鼠、蛙、鱼，亦食蛇卵。

省内分布：三元、永安、明溪、清流、宁化、大田、尤溪、漳州市区、云霄、漳浦、诏安、长泰、东山、南靖、平和、华安、厦门、南安、永春、德化、莆田市区、福州市区、福清、闽侯、闽清、永泰等地。

银环蛇

Bungarus multicinctus

有鳞目 眼镜蛇科

形态特征：全长803—1480mm，最长可达1700mm。头较小，椭圆形，与颈略可区分，有前沟牙；体较细长，尾短，尾端尖细。背面黑色，自颈至尾有25—50+7—17个白色窄横斑；腹面白色或乳白色，散有黑褐色细斑。

生活习性：栖息于平原、丘陵地区多水之处，常见于水稻田、溪涧、河滨、塘边、溪流旁、近水的草丛等处，亦见于矮山坡、田埂、坟堆、路旁、菜园、村舍附近等地，夜间活动。食鼠、蜥蜴、蛇、蛇卵、蛙、鱼、泥鳅。

省内分布：全省广泛分布。

舟山眼镜蛇

Naja atra

有鳞目 眼镜蛇科

形态特征：全长1—2m。有前沟牙，头椭圆形，与颈不易区分，颈能扩扁；体粗壮，略扁。背面黑色、土褐色、黑褐色、灰褐色、灰黑色、蓝黑色，甚至米黄色，颈背有白色眼镜框架状斑纹，自颈后至尾有15—20条黄白色窄横斑；腹面前段黄白色，有1个黑褐色宽横带斑，斑前有1对黑斑点，中段以后渐为灰褐色至黑褐色。

生活习性：栖息于平原、丘陵和山区，常见于矮树林、灌丛、竹林、坟堆、农田、水边、溪沟、鱼塘边和山道旁的草丛中，白天活动，炎夏亦夜间出来。食性广，食鼠、鸟、鸟卵、蜥蜴、蛇、蛙、鱼类。

省内分布：全省广泛分布。

眼镜王蛇

Ophiophagus hannah

有鳞目 眼镜蛇科

形态特征：全长2—3m，最长可达6m，是最大的毒蛇。头椭圆形，与颈不易区分；有前沟牙，其后有3枚小牙，体粗大。有一对较大的枕磷。背面黑色、黑褐色、绿褐色、黄褐色、灰褐色、茶褐色或紫褐色，有47—62个浅色横斑，颈背有黄白色“∧”形宽斑，腹面前段黄色，向后灰褐色、灰绿色或紫灰褐色，有黑色线斑。

生活习性：栖息于平原、丘陵，亦见于海拔2100m的山区，常见于林中、山溪附近树洞、水域附近、石缝里、草丛中，亦能爬树，白天活动。主食蛇，也吃蜥蜴、鸟和鸟卵等。

省内分布：建瓯、建阳、顺昌、浦城、光泽、松溪、政和、三元、明溪、大田、尤溪、将乐、泰宁、建宁、新罗、长汀、永定、武平、连城、漳州市区、诏安、南靖、华安、泉州市区、南安、安溪、永春、德化、福州市区、闽侯、永泰、福安、霞浦、屏南、寿宁、柘荣等地。

保护级别：国家二级保护野生动物。

福建华珊瑚蛇

Sinomicrurus kelloggi

有鳞目 眼镜蛇科

形态特征：全长50cm左右。头与颈不易区分，吻钝圆，鼻孔大，椭圆形，有前沟牙。背面紫褐色、红褐色或红棕色，自颈后至尾有17—22+3—4个黑色窄横斑，正中还有1条浅色细纵脊纹；头背有2条黄白色或黄色斑纹，前1条较窄，后1条较宽，呈弧形。腹面乳白色，有形状不同大小不一的黑斑，有的与体背黑横斑相连。

生活习性：栖息于山区森林中，常见于腐殖质较多的林地，夜间活动。食其他蛇类（盲蛇）、蜥蜴。

省内分布：延平、邵武、武夷山、建瓯、建阳、顺昌、浦城、光泽、松溪、政和、三元、永安、明溪、清流、宁化、大田、尤溪、将乐、泰宁、新罗、长汀、永定、上杭、武平、云霄、漳浦、诏安、南靖、平和、华安、厦门、泉州市区、石狮、晋江、安溪、永春、德化、福州市区、福清、连江、永泰等地。

中华珊瑚蛇

Sinomicrurus macclellandi

有鳞目 眼镜蛇科

形态特征：全长222—765㎜。头小，短宽，与颈区分不明显，吻钝圆；眼小，瞳孔椭圆形，有前沟牙，体圆滑细长。头背黑色，有1个醒目的暗白色或黄白色宽横斑，此斑的前方还有1条黄白色横纹；体尾背红棕色、紫棕色、赤红色或赤肉桂色。自颈后至尾有23—37+3—7个黑色窄横斑，此斑有白边，个别斑不完整；腹面浅黄色，有左右相接的不规则黑斑。

生活习性：栖息于低山区森林底层，常见于林中枯枝落叶里、石块下、溪流附近、腐殖质堆和石堆间，亦见于农田和村舍附近。夜间活动，行动缓慢，性温驯。食小型蛇类、蜥蜴类。

省内分布：邵武、武夷山、建瓯、建阳、顺昌、光泽、松溪、三元、永安、明溪、清流、宁化、大田、尤溪、泰宁、建宁、新罗、长汀、永定、武平、连城、漳州市区、龙海、云霄、漳浦、南靖、平和、华安、厦门、石狮、南安、安溪、永春、德化、福州市区、罗源、闽清、永泰、福安、福鼎、霞浦、古田、屏南、寿宁、周宁、柘荣等地。

扁尾海蛇

Laticauda laticaudata

有鳞目 眼镜蛇科

形态特征：全长1m 左右。头颈不易区分，有前沟牙，鼻孔侧位。背面蓝灰色，通身有39—55+4—6 个宽暗棕色环；头背黑色，有1 个黄色马蹄铁形斑，颈部有2 个淡色环，吻、唇、咽部及颈部暗褐色，喉部中线黄色；腹面黄色。

生活习性：栖息于海水中，常见于附近的岩礁沿岸。主要食小鳗。

省内分布：平潭近海。

保护级别：国家二级保护野生动物。

半环扁尾海蛇

Laticauda semifasciata

有鳞目 眼镜蛇科

形态特征：全长1m 以上。头颈不易区分，有前沟牙，鼻孔侧位；体圆，尾侧扁，尾后部成片状。通身灰色，腹面较淡，自颈至尾有31—38+6—7 个蓝色或暗褐色半环斑，此环斑在背部较宽，占3—5 个鳞列，斑间距窄，占1—2 个鳞列，色浅；环斑向两侧渐变窄，浅色间距则随之渐变宽。头背有1 个蓝色蹄铁斑。

生活习性：栖息于近海岸、小岛礁石丛中、珊瑚礁中。食小鱼、虾等。

省内分布：平潭近海。

保护级别：国家二级保护野生动物。

引自赵尔宓《中国蛇类》（下）

平颏(ké)海蛇

Hydrophis curtus

有鳞目 眼镜蛇科

形态特征：全长692—915mm。头较大，吻较下颌长出，鼻孔背位，鼻鳞彼此相切；体粗而短，后部侧扁。背面黄橄榄色或棕褐色，自颈至尾有29—46+3—6 个青黑色或深棕色的宽环斑，斑间色浅；腹面淡土黄色。

生活习性：栖息于海洋沿岸海域。食鱼。

省内分布：东山近海。

保护级别：国家二级保护野生动物。

引自赵尔宓《中国蛇类》（下）

青环海蛇

Hydrophis cyanocinctus

有鳞目 眼镜蛇科

形态特征：全长可达2m。头较小，颈不明显；鼻孔背位，有瓣膜，无鼻间鳞，眼小，瞳孔圆形；体细长，后部侧扁。背面棕灰色、黄灰色、灰色或深橄榄色，自颈至尾有青黑色环斑55—67+5—9 个，此斑在背面最宽而色深，在腹面窄而色浅，在侧面深浅色相接处最窄；腹面黄橄榄色或灰黄色，鳞上可有黑色。

生活习性：栖息于近海岸海水中。食蛇鳗为主，亦食其他鱼类。

省内分布：东山、厦门、马尾、连江、平潭、霞浦等近海。

保护级别：国家二级保护野生动物。

引自赵尔宓《中国蛇类》（下）

环纹海蛇

Hydrophis fasciatus

有鳞目 眼镜蛇科

形态特征：全长1m左右。头小，体前部细长，后部侧扁，鼻孔背位。背面深灰色，有49—60+4—6个黑色完整环斑，此斑在体侧变窄，斑间为黄白色。

生活习性：栖息于海洋沿岸海域。食小鳗鱼、乌贼。

省内分布：东山近海。

保护级别：国家二级保护野生动物。

引自赵尔宓《中国蛇类》（下）

小头海蛇

Hydrophis gracilis

有鳞目 眼镜蛇科

形态特征： 全长50cm左右。头很小，吻长于下颌很多，鼻孔背位，鼻鳞彼此相切，有2对前沟牙；体最前段很细，中后段粗，后段侧扁。背面黑灰色或浅黑色或灰色，自颈后至尾有许多黑色宽环斑，此斑向下渐变窄、色亦渐浅，斑间灰白色，头和颈背黑色无斑；腹面淡灰色。

生活习性： 栖息于海洋中的沿岸浅海海域。食小型海鳗或海鳝。

省内分布： 东山近海。

保护级别： 国家二级保护野生动物。

引自赵尔宓《中国蛇类》（下）

黑头海蛇

Hydrophis melanocephalus

有鳞目 眼镜蛇科

形态特征：全长1225—1320㎜。头小，鼻孔背位，体长，前段细长，后段侧扁。头背黑色，有黄色斑纹；体尾背面橄榄色或灰色，有57+6 个黑色环斑，环斑宽与间隔相等；腹面黄色或白色。

生活习性：栖息于海洋沿岸海域。食鱼。

省内分布：东山、平潭近海。

保护级别：国家二级保护野生动物。

引自赵尔宓《中国蛇类》（下）

长吻海蛇

Hydrophis platurus

有鳞目 眼镜蛇科

形态特征：全长545—707㎜。吻长，头窄，鼻孔背位，鼻鳞彼此相切，头颈不易区分；体侧扁，尾更侧扁。背面黑色，从头至肛前，在正中呈黑色宽纵带，整个尾部、背、侧、腹部均有黑斑块，尾端亦为黑色；两侧和腹面均为黄色，黑黄两色分界清楚。

生活习性：栖息于海洋中，能远离海岸，为分布最广的海蛇。食各种小型鱼类，亦食甲壳类动物。

省内分布：东山、连江、平潭、霞浦等近海。

保护级别：国家二级保护野生动物。

引自赵尔宓《中国蛇类》（下）

海蝰（kuí）

Hydrophis viperinus

有鳞目 眼镜蛇科

形态特征：全长1m左右。头短而较扁，吻钝，鼻孔背位，鼻鳞彼此相切；体粗壮。背面灰色或青灰色，有25—46个黑色或黑褐色菱形横斑；腹面和侧面灰白色、灰黄色或淡黄色。

生活习性：栖息于海洋沿岸海域，常栖于浅海区。食鱼类。

省内分布：东山、连江、平潭等近海地区。

保护级别：国家二级保护野生动物。

引自赵尔宓《中国蛇类》（下）

绿瘦蛇

Ahaetulla prasina

有鳞目 游蛇科

形态特征：雄体全长约1032mm，雌体约1440mm。吻端尖，头大且窄长，颈明显；眼较大，瞳孔横裂呈缝状；尾特长，善缠绕。背面暗绿泛蓝色，腹面淡绿色。

生活习性：栖息于山区灌丛上，亦见于田边杂草丛中或山坡路上，白日活动，受惊时，可昂颈成“S”形。食蛙类、蜥蜴类、小型鸟类。

省内分布：南靖、平和、闽侯、永泰等地。

金花蛇

Chrysopelea ornata

有鳞目 游蛇科

形态特征：全长1m左右。头较长，吻扁平，前端宽而钝；眼大，瞳孔圆形。体细长，尾亦细长；体色变化大，背面绿黄色或淡绿色，一般有黑斑纹，杂以黄色或橘红色斑，或形成黑黄色相间的横带；腹面绿色；上唇和喉部白色，头顶黑色，有4条黄色窄横斑。

生活习性：栖息于平原、丘陵地区，喜在树丛中栖息，善缠绕，白天活动。食蛙类、蜥蜴类、蛇类、小型鸟类、鼠类。

省内分布：厦门。

绞花林蛇

Boiga kraepelini

有鳞目 游蛇科

形态特征：全长810—1053㎜，后沟牙类毒蛇。头大颈细，头颈区分明显；眼较大，瞳孔椭圆。体背面棕色、褐灰色或赤褐色，背中线饰有黑色或黑褐色大斑，大斑两侧还有交错排列的各1 行小斑，腹面暗白色或黄褐色，饰以不规则斑纹。吻端至前额鳞后缘有短黑纵纹，眼后至口角有褐色斑纹。

生活习性：栖息于山区灌丛中，营树栖生活。食小型鸟类、鸟卵、蜥蜴类。

省内分布：延平、邵武、武夷山、建阳、大田、尤溪、泰宁、建宁、武平、连城、漳州市区、龙海、云霄、漳浦、诏安、南靖、平和、华安、德化、仙游、永泰等地。

繁花林蛇

Boiga multomaculata

有鳞目 游蛇科

形态特征：全长706—875mm，后沟牙类毒蛇。吻端较圆，头大，颈明显；眼较大，瞳孔椭圆形。背脊有1条淡褐灰色纵纹，其两侧各有1行彼此交错排列的深褐色大斑，其腹侧为深褐色小斑；头背有深褐色“∧”状斑，自吻两侧经眼至口角亦有带状斑。腹面白色，每一腹鳞有3—4个三角形褐斑。

生活习性：栖息于丘陵山区树丛上，树栖。食蜥蜴类、鸟类、鸟卵。

省内分布：延平、邵武、武夷山、建瓯、建阳、光泽、政和、三元、永安、清流、宁化、尤溪、泰宁、新罗、漳平、长汀、上杭、武平、连城、漳州市区、龙海、云霄、诏安、长泰、南靖、平和、华安、厦门、泉州市区、惠安、德化、莆田市区、仙游、福州市区、福清、闽侯等地。

菱斑小头蛇

Oligodon catenatus

有鳞目 游蛇科

形态特征：全长50cm左右。头较短小，与颈区分不明显。背面棕褐色或红棕色，自颈至尾正中线有1行红褐色菱形斑，此斑具黑边，前后彼此相连，甚醒目，头顶有黑褐色“灭”形斑；腹面为珊瑚红色和黑色镶嵌排列成栅格状，尾下以珊瑚色为主，甚艳丽。

生活习性：栖息于海拔700—1000m的山区。食爬行动物的卵。

省内分布：连城、漳州市区、云霄、诏安、长泰、南靖、平和、华安、德化等地。

引自赵尔宓《中国蛇类》（下）

中国小头蛇

Oligodon chinensis

有鳞目 游蛇科

形态特征：全长443—678mm，最长可达1087mm。头较短小，与颈区分不明显。背面淡灰褐色、灰褐色或褐色，全身有14—16 条黑褐色窄横斑，斑间距几相等，并散有一些波状细纹，两眼间有黑纹，两侧经眼直达上唇，颈部有1 个粗大箭头状黑斑，自颈至尾端背正中线有1 条橙黄色或棕黄色或淡褐色纵纹；腹面灰白色或淡棕色，有近似方形的黑斑。

生活习性：栖息于海拔250—1500m 的平原、丘陵山区，常见于草坡中、灌林下、溪沟边、道旁乃至村舍附近。食蜥蜴类的卵。

省内分布：延平、邵武、武夷山、建瓯、建阳、顺昌、浦城、光泽、松溪、政和、三元、大田、尤溪、将乐、泰宁、建宁、武平、连城、漳州市区、龙海、云霄、漳浦、诏安、长泰、东山、南靖、平和、华安、厦门、泉州市区、石狮、惠安、永春、德化、莆田市区、仙游、福州市区、福清、闽侯、连江、闽清、永泰、宁德市区、福安、霞浦、古田、屏南、寿宁、周宁、柘荣等地。

紫棕小头蛇

Oligodon cinereus

有鳞目 游蛇科

形态特征：全长50cm左右。头短小，与颈区分不明显。通体背面紫棕色或红棕色，自颈至尾有黑色波状细横纹，头背与腹面均无斑。

生活习性：栖息于高山及平原、丘陵地带，多栖息于起伏多草的坡地。食昆虫、蜘蛛、甲虫的幼虫。

省内分布：延平、武夷山、顺昌、光泽、三元、永安、明溪、清流、宁化、大田、将乐、泰宁、建宁、新罗、长汀、上杭、武平、连城、漳州市区、云霄、漳浦、诏安、长泰、东山、平和、华安、泉州市区、晋江、永春、福州市区、福清、闽侯、闽清、连江、永泰等地。

台湾小头蛇

Oligodon formosanus

有鳞目 游蛇科

形态特征：体较粗胖，全长550—673mm。头较短小，与颈区分不明显。头背有红褐色或深棕色的“灭”形斑；通体背面褐色或棕黄色，自颈至尾有许多等距离的黑褐色横波状纹，正中央有1条极明显的猩红色窄纵纹，此纹或为粉红色或红褐色或红棕色；腹面暗粉红色或棕白色，两旁杂有细褐斑，有侧棱。

生活习性：栖息于平原、丘陵、山区地带，常见于灌丛、石堆、草地、树林茂密潮湿环境、农田、山道、菜园，亦偶见于其他开阔地或村舍附近，夜间活动，行动缓慢。食其他爬行类的卵。

省内分布：全省广泛分布。

饰纹小头蛇

Oligodon ornatus

有鳞目 游蛇科

形态特征：全长约50cm，头较短小，与颈区分不明显。背面淡黄褐色、棕褐色、黄褐色或灰褐色，自颈至尾有黑色横斑，横斑由4 个圆斑组成；头背有2条明显的弧形粗黑斑，颈部有黑箭头斑。腹面红棕色，正中有1 条橘红色纵线，艳丽醒目，在此纵线两侧有交互排列的方黑斑。

生活习性：栖息于山区或平原，常见于森林底层、草地、山区道旁，白天活动，行动缓慢。食其他爬行动物的卵。

省内分布：邵武、武夷山、建瓯、顺昌、松溪、政和、尤溪、大田、沙县、将乐、泰宁、建宁、武平、连城、德化、长乐、闽清、宁德市区、福安、古田、屏南、寿宁、周宁、柘荣等地。

翠青蛇

Cyclophiops major

有鳞目 游蛇科

形态特征：全长755—1075mm，体较细长，圆柱形，尾较长。头小，头颈间区分不明显；眼大，瞳孔圆形。背面鲜草绿色，腹面浅黄绿色或黄绿色。

生活习性：栖息于山区的林地、草丛或田野。食蚯蚓，亦食昆虫。

省内分布：全省广泛分布。

乌梢蛇

Ptyas dhumnades

有鳞目 游蛇科

形态特征：全长1688—2650mm。头长而小，椭圆形，与颈区分明显；眼大，瞳孔圆形；体较长，尾亦长；背鳞偶数行，背面棕褐色、灰褐色、灰黑色或黑褐色，中央有1条自颈至尾醒目的浅色或黄褐色或棕色纵纹，此纹两侧各有1条黑纵纹，老年个体在后段此纹不显；腹面灰白色到灰褐色，由前向后色渐加深。

生活习性：栖息于海拔300—1600m的平原、丘陵和山区，常见于田野、林下、河岸旁、溪边、灌丛、草地等处，亦见于村舍附近，白天活动，行动敏捷。食鱼、蛙、蜥蜴、鼠。

省内分布：全省广泛分布。

灰鼠蛇

Ptyas korros

有鳞目 游蛇科

形态特征：全长748—2193mm。头长而小，略呈椭圆形，颊部略陷，头与颈可区分；眼大，瞳孔圆形。背面棕灰色、灰黑色、黑褐色或深橄榄色，每枚鳞脊为黑褐色，前后相连形成8条黑褐色细纵纹；体后部及尾部鳞缘黑褐色，呈现网状细纹。腹面及上唇浅黄色，头背无斑。

生活习性：栖息于海拔212—1630m的平原、丘陵、山区，常见于草丛、灌丛、草坡、稻田边、河边、沟边、道旁石堆等处，行动敏捷。食蛙、蜥蜴、鸟、鼠，亦食其他蛇类。

省内分布：全省广泛分布。

滑鼠蛇

Ptyas mucosa

有鳞目 游蛇科

形态特征：全长1921—2600mm。头长而小，椭圆形，与颈易区分；眼大，瞳孔圆形。背面为棕色、灰棕色、黄棕色或暗褐色，有不规则或略呈锯齿状黑横纹；腹面黄白色，腹鳞及尾下鳞后缘黑色。

生活习性：栖息于海拔280—2000m的平原、丘陵及山区，白天活动，常见于水域附近，行动敏捷，喜攀树，性凶猛。食蛙、蟾、蜥蜴、鸟、鼠。

省内分布：全省广泛分布。

灰腹绿锦蛇

Gonyosoma frenatum

有鳞目 游蛇科

形态特征：全长100cm左右，最长可达146cm。头较长，颈明显，尾细长。背面绿色（幼体棕褐色），眼前后各有1条黑纵纹；腹面淡黄色或淡灰色，腹鳞两侧白色。

生活习性：栖息于高山地区，树栖性，多于树林、竹林、山溪两岸灌丛中活动。食鼠、蛙、蜥蜴、鸟和鸟卵。

省内分布：邵武、武夷山、建瓯、延平、顺昌、浦城、光泽、松溪、政和、三元、将乐、泰宁、上杭、武平、漳州市区、云霄、漳浦、诏安、长泰、南靖、华安、泉州市区、永春、德化等地。

白环蛇

Lycodon aulicus

有鳞目 游蛇科

形态特征：全长70cm左右。头宽扁，吻钝宽，眼大。背面黑棕色、灰棕色、紫棕色或棕色；枕部有1个宽的“∧”形黄白斑，自颈以后有12—19个背斑，或为黄色横斑或为细网纹；上唇白色；腹面灰白色。

生活习性：栖息于平原、丘陵地带，常出没于村舍附近。食鼠、蜥蜴、蛙等。

省内分布：厦门。

引自赵尔宓《中国蛇类》（下）

双全白环蛇

Lycodon fasciatus

有鳞目 游蛇科

形态特征：全长472—990㎜。头扁平，吻钝，头颈区别明显。背面黑色或棕黑色，头前部色稍淡，后部有淡橘黄色或淡棕色（幼体为白色）斑块；自颈至尾有宽窄不一的黄色或淡棕色环纹，亦环围腹面；腹面黑褐色。

生活习性：栖息于山区、丘陵地带。食蜥蜴、蛇。

省内分布：武夷山、邵武等地。

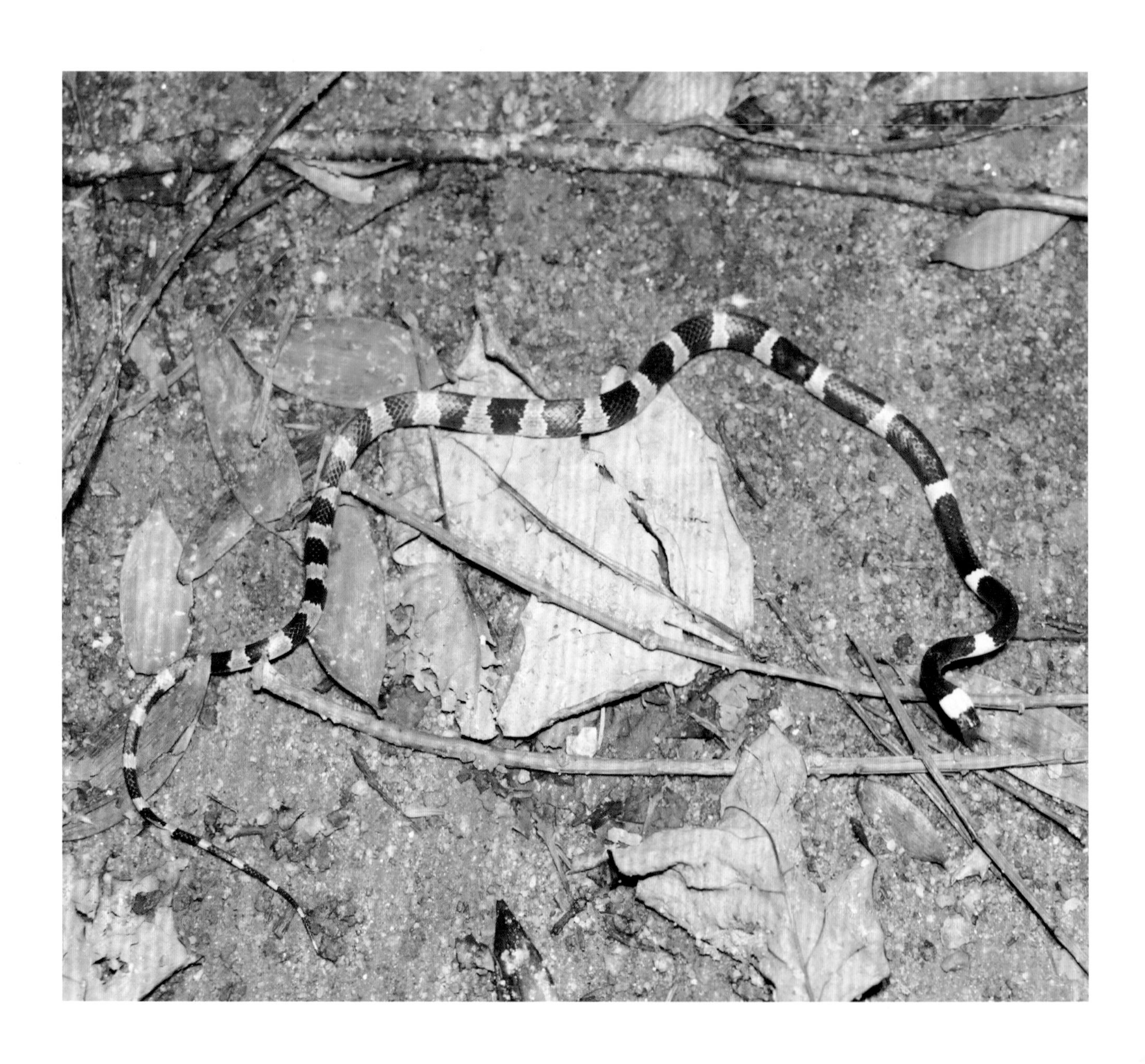

黄链蛇

Lycodon flavozonatus

有鳞目 游蛇科

形态特征：全长990—1207㎜。头略宽扁，瞳孔立椭圆形。背面黑色或黑绿色，具黄色细横斑52—59+13—24个。头后部的细黄斑呈半圆形，两侧的细黄斑为波状，波峰与横斑的两端相接，形成相连的横苯环排列。腹面黄白色，在尾部散有黑斑点。

生活习性：栖息于海拔600—1000m山区林地，亦见于低海拔瀑布附近。以蜥蜴、蛙类、幼蛇为食。

省内分布：邵武、武夷山、建瓯、建阳、顺昌、浦城、光泽、松溪、政和、大田、尤溪、沙县、将乐、泰宁、建宁、上杭、连城、永春、德化、福州市区、闽侯、罗源、闽清、永泰等地。

福清白环蛇 别名：福清链蛇

Lycodon futsingensis

有鳞目 游蛇科

形态特征：全长540—950㎜。吻端钝，头部扁平，头颈区分明显，吻鳞三角形，瞳孔圆形；头颈部白色，杂有黑斑；躯干和尾背以黑色或深黑褐色为主，躯干和尾部19—33个杂有黑斑的白环，白环不甚规则，在背脊处较细，到腹部最宽；腹部后段的腹鳞多为黑褐色，腹鳞之间色浅。

生活习性：栖息于溪流边和常绿阔叶林。主要捕食壁虎、鼠、幼蛇。

省内分布：延平、政和、顺昌、尤溪、三元、永安、晋安、福清等地。

黑背白环蛇

Lycodon ruhstrati

有鳞目 游蛇科

形态特征：全长620—880mm，最长可达1m。头宽扁，吻钝，头颈区分明显，瞳孔圆形。背面黑色或黑褐色或黑灰色，头背面褐色，上唇白色；自颈后至尾有许多波状横斑，此种横斑在前部为白色，往后为灰绿色和浅褐色围以白边，至尾部则成为完整环斑；横斑数为20—54+11—22 个，前部横斑窄，间隔宽，向后横斑宽。腹面白色或黄白色或灰白色，中段以后散有黑斑点，向后此斑点密集，至尾下为灰黑色。

生活习性：栖息于海拔400—1000m 的山区和丘陵地带，常于林中灌丛、草丛、田间、溪边、路旁活动。食蜥蜴、壁虎、昆虫等。

省内分布：延平、邵武、武夷山、建瓯、顺昌、浦城、光泽、松溪、政和、三元、永安、明溪、清流、宁化、大田、尤溪、将乐、泰宁、建宁、新罗、武平、连城、漳州市区、漳浦、诏安、长泰、平和、华安、泉州市区、石狮、晋江、南安、安溪、永春、德化、莆田市区、仙游、福州市区、闽侯、闽清、永泰等地。

赤链蛇

Lycodon rufozonatus

有鳞目 游蛇科

形态特征：全长100—150cm。体较粗壮，头较宽扁，吻端钝圆，瞳孔立椭圆形。背面黑色或黑褐色，有60个以上珊瑚红的窄斑，斑上杂有黑点，头顶后部有1条“∧”形绯色斑纹；腹面前段黄白色或灰黄色，向后渐变为淡红黄色，其上杂有少量黑点，腹鳞两侧散有黑褐色斑点。

生活习性：栖息于丘陵、平原地带的田野，亦常见于村舍附近，多于傍晚活动，较凶猛。以鱼、蛙、蜥蜴、蛇、鼠为食，亦捕食小鸟。

省内分布：全省广泛分布。

细白环蛇

Lycodon subcinctus

有鳞目 游蛇科

形态特征：全长可达1m。背面黑褐色或黑色，头背暗灰色，头后略显灰白色；体前部有若干白色横斑，后部棕黑色，亦有若干污白色横斑或无斑；腹面白色。

生活习性：栖息于平原、丘陵地区。食蜥蜴。

省内分布：仙游、永泰等地。

方花蛇 别名：方花小头蛇

Archelaphe bella

有鳞目 游蛇科

形态特征：全长892—1075㎜。头较短，吻钝，头与颈区别不明显。背面红棕色、紫灰色或浅灰色，自颈后至尾有许多方花斑，此花斑以灰黄色横纹为中心围有黑边，黑边外又镶红边，形成甚醒目的方花斑，因此得名。

生活习性：栖息于山区林间空地或道旁草丛中。主食昆虫，也吃蜥蜴的卵。

省内分布：武夷山市。

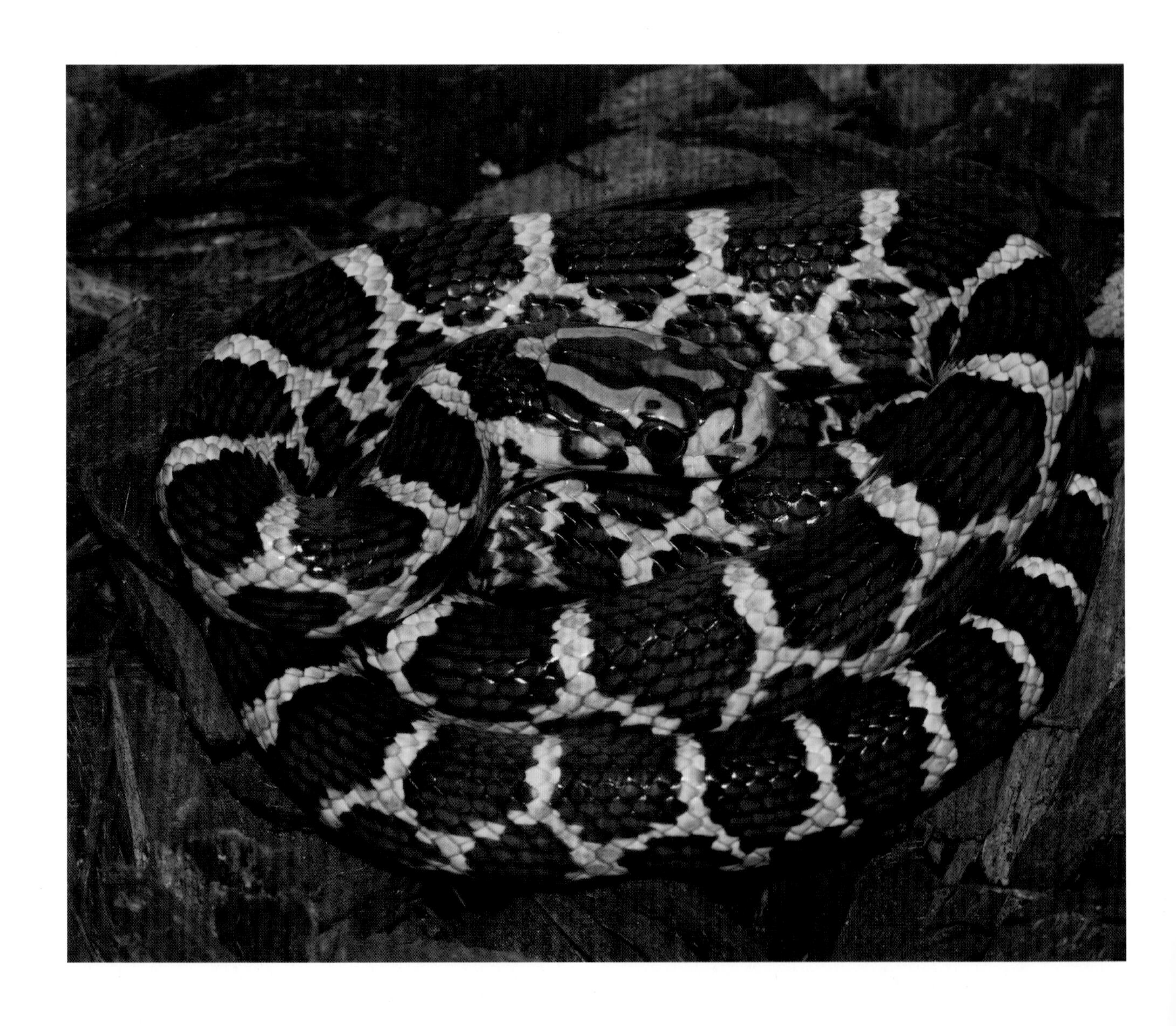

三索蛇 别名：三索锦蛇

Coelognathus radiatus

有鳞目 游蛇科

形态特征：全长1—2m。背面浅棕色或灰棕色，头侧有由眼部发出的3条放射状黑纹，顶鳞后缘有1个黑横斑纹，两端止于两口角。体侧有3条宽窄不等的黑索，背侧1条较宽，中间1条较窄，腹侧1条不完全连续，此3条黑索向体后延伸时，色变淡，至体中段渐消失。腹面淡棕色，散有淡灰色细斑，腹鳞两端密布灰色斑点。

生活习性：栖息于海拔450—1400m的平原、山地、丘陵地带，常见于农田、土坡、草丛、石堆、路旁、塘边。昼夜活动，行动敏捷，性较凶猛，受惊时，可竖起眼镜样的体前部，并能发出嗞嗞响声。主食鼠、鸟、蜥蜴、蛙等，亦食蚯蚓。

省内分布：明溪、清流、宁化、漳平、长汀、永定、上杭、武平、连城、漳州市区、龙海、诏安、南靖、平和、华安、厦门、泉州市区、晋江、永春等地。

保护级别：国家二级保护野生动物。

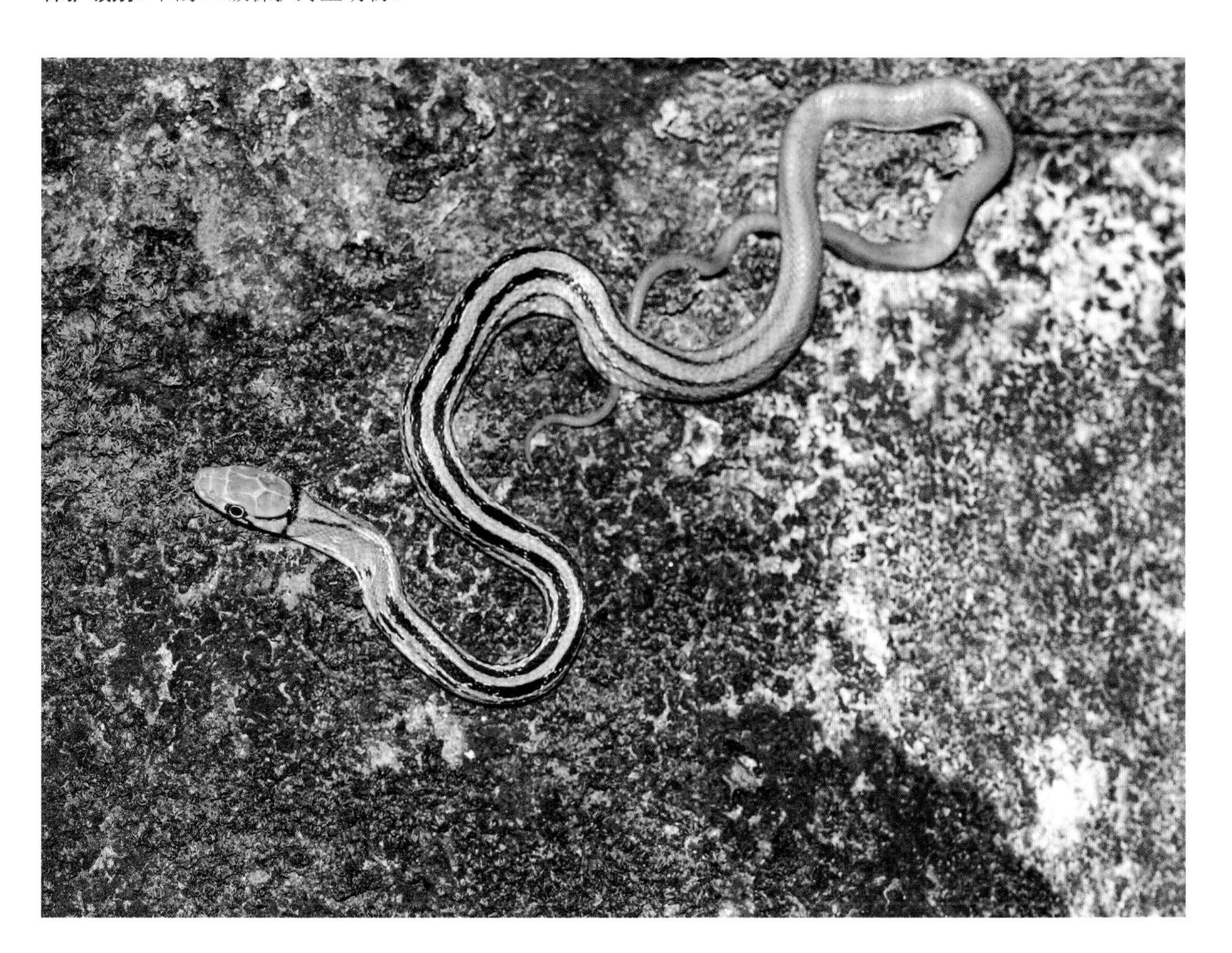

玉斑锦蛇

Euprepiophis mandarinus

有鳞目 游蛇科

形态特征：全长100cm左右，最长可达140cm。背紫灰色或灰褐色或灰色，头背有3条醒目的似弧形黑斑，自颈至尾有1行艳丽的菱形大斑，斑周黑色，中央黄色或橘黄色，斑数18—38+6—13个；体侧有大小不等的紫红色点斑；腹面灰白色，有左右交错或对称排列的黑色斑块。

生活习性：栖息于海拔200—1360m的平原、山区、林地，亦常见于村舍附近、沟边或山地草丛中。食鼠类、小型哺乳类、蛇类、蜥蜴，亦可攀树扑食雏鸟和鸟蛋。

省内分布：延平、邵武、武夷山、沙县、泰宁、德化、福安、古田、屏南、寿宁、周宁、柘荣等地。

紫灰锦蛇

Oreocryptophis porphyraceus

有鳞目 游蛇科

形态特征：全长1m左右。背面紫灰色或紫铜色，头背有3条黑色短纵纹，自颈至尾有边缘深色的大横斑块，体侧各有1条黑色纵线纹；腹面淡紫色或淡棕色或玉白色。幼体的大横斑块色深，较成体的明显。

生活习性：栖息于山地林区，亦见于平原丘陵及村舍附近。食鼠类和小型哺乳动物，亦食蛙、蜥蜴和昆虫。

省内分布：邵武、武夷山、建瓯、建阳、顺昌、浦城、光泽、松溪、政和、三元、大田、将乐、泰宁、上杭、武平、连城、漳州市区、漳浦、诏安、长泰、南靖、平和、永春、德化、福州市区、福清、闽侯、闽清、永泰、宁德市区、福安、福鼎、霞浦、古田、屏南、寿宁、周宁、柘荣等地。

王锦蛇

Elaphe carinata

有鳞目 游蛇科

形态特征：全长2m左右。背面黑色，混杂黄花斑，似菜花；头背棕黄色，鳞缘和鳞沟黑色，形成“王”字形黑斑；腹面黄色，腹鳞后缘有黑斑；幼体背面灰橄榄色，鳞缘微黑，枕后有1条短纵纹，黑色；腹面肉色。

生活习性：栖息于山区、丘陵地带，平原亦有，常于山地灌丛、田野沟边、山溪旁、草丛中活动；性凶猛，行动迅速。昼夜均活动，以夜间更活跃。食蛙、蜥蜴、其他蛇类、鸟、鼠类，甚至同类的幼蛇。

省内分布：全省广泛分布。

黑眉锦蛇

Elaphe taeniura

有鳞目 游蛇科

形态特征：全长可达2m以上。头较长，与颈区分明显。背面棕灰色、土灰色、青灰色、黄绿色或灰色，眼后至口角各有1条黑眉状斑纹。上唇鹅黄色，体前段具黑梯状横纹，体后部两侧有黑纵带纹，直至尾端；腹面灰白色、灰黄色或浅灰色，但近前端、尾部及两侧为黄色，腹鳞尾下鳞散有黑斑。

生活习性：栖息于低海拔的平原、丘陵、山地等处，喜活动于林地、农田、草地、灌丛、坟地、河边及村舍附近，动作敏捷，日行性，善攀爬，受惊时可竖起头颈。食鼠、鸟、鸟卵、蜥蜴、小蛇、蛙、昆虫等。

省内分布：全省广泛分布。

红纹滞卵蛇

Oocatochus rufodorsatus

有鳞目 游蛇科

形态特征：全长不足1m。背面棕褐色或棕黄色或淡红褐色，头背有3条“∧”形深棕色斑纹，体背有4条棕黑色纵纹，纵纹实为棕黑色围边的红点连接而成，但尾部无红点，与这4条纵纹相间还有3条浅色纵纹。腹面颈部及体前部鹅黄色，向后为浅橘黄色或橘红色或红棕色，杂以黑色方斑，交错相间排列成棋盘格，十分醒目，尾腹面正中为1条黑纵纹。

生活习性：栖息于海拔60—700m的平原、丘陵地带，半水栖，喜在河、湖、塘、溪附近的浅水区或稻田中活动。食蛙、蝌蚪、鱼、泥鳅、鳝鱼、水生昆虫等。

省内分布：武夷山、建阳、连城、德化等地。

尖尾两头蛇

Calamaria pavimentata

有鳞目 两头蛇科

形态特征：全长约360㎜。头颈区分不明显，背面红棕色，有暗色纵线纹或点状条斑，或无斑纹。颈部有黄斑，尾部有两对黄色点状斑纹，尾腹具黑线纹；背鳞光滑。

生活习性：栖息于丘陵地带，隐居于泥土中。主食白蚁、昆虫和蚯蚓等小型无脊椎动物。

省内分布：邵武、武夷山、建阳、将乐、福州市区、宁德市区、福安、古田、屏南、寿宁、周宁、柘荣等地。

图为标本

钝尾两头蛇

Calamaria septentrionalis

有鳞目 两头蛇科

形态特征：全长250mm左右。通体圆柱形，头小，与颈不易区分，颈侧具黄白色斑，尾部粗钝，有黄色斑纹，形状、花纹与头部相似；无鼻间鳞、颊鳞和颞鳞；背鳞平滑，灰褐色，有深色黑点，腹面朱红色，尾下鳞两列。

生活习性：栖息于海拔300m左右平原、丘陵及山区阴湿的土穴中，行动隐秘。以蚯蚓为食。

省内分布：延平、邵武、武夷山、建瓯、顺昌、浦城、光泽、松溪、政和、三元、明溪、宁化、大田、将乐、泰宁、建宁、新罗、漳平、长汀、永定、上杭、武平、连城、漳州市区、云霄、漳浦、诏安、长泰、平和、华安、永春、德化、仙游、福州市区、福清、闽侯、连江、闽清、福安、福鼎、霞浦、古田、屏南、寿宁、周宁、柘荣等地。

白眶蛇

Amphiesmoides ornaticeps

有鳞目 水游蛇科

形态特征： 全长807—853mm。头长卵圆形，眼大，尾长；头背及两侧棕色，眼前后各有1条镶黑边的白纹，呈白色眼眶状；颈背面及两侧有大黑斑，体前段背面有3行交错排列的大黑斑，体后背面黑色点斑连合成灰黑色纵纹；体侧浅棕色；腹面白色，两侧有黑斑点。

生活习性： 栖息于山溪附近。主食蛙。

省内分布： 南靖县。

引自《海南两栖爬行动物志》图版XVI

草腹链蛇

Amphiesma stolatum

有鳞目 水游蛇科

形态特征：体型中等大小，雄性全长约646mm，雌性全长约800mm。背面褐色，有2条浅色纵纹，纵纹间有多数黑色横斑；头大小适中，与颈区分明显；头背黄褐色，上唇鳞色较浅，鳞沟黑色，头腹黄白色，下颌黄色。

生活习性：栖息于海拔215—1880m的水域及其附近，半水栖。食蛙和昆虫。

省内分布：全省广泛分布。

白眉腹链蛇

Hebius boulengeri

有鳞目 水游蛇科

形态特征：体型中等，全长420—650mm。头较窄长，与颈可以区分；背面黑褐色或棕褐色，头背棕褐色，眼后有1条白色细纹，向后直至尾端；背鳞除最外1行光滑外，均起棱；腹面灰白色，腹鳞及尾下鳞外侧有1个黑褐色大斑，前后连成链状纹。

生活习性：栖息于海拔1000m以下的山区稻田、小溪附近。主食鱼和蛙等。

省内分布：武平、南靖、德化等地。

锈链腹链蛇

Hebius craspedogaster

有鳞目 水游蛇科

形态特征： 雄性全长约630mm，雌性全长约633mm。体鳞起棱，外侧棱弱，体红褐色，背面有两条锈色纵纹，具黄色点斑；头背暗棕色，颈背两侧有斜的黄色斑；腹鳞及尾下鳞淡黄色，近外侧各有一窄长黑色点斑，前后缀连成链纹。

生活习性： 主要栖息于山区，常见于水域附近及路边草丛中。主食鱼、泥鳅、蛙。

省内分布： 全省广泛分布。

棕黑腹链蛇

Hebius sauteri

有鳞目 水游蛇科

形态特征：雄性全长约486mm，雌性全长约595mm。体背为黄褐色、红褐色至褐色，具黑斑，两侧每隔2—3 枚鳞片有1 镶黑边的浅色短横斑，缀连成纵行点线；腹面为灰白色或淡黄色，有点状细斑连成一条纵线；上唇有一白色的条纹向右后方延伸至颈部背面，且呈倒“V”字形，至颈部背面转为黄色。

生活习性：栖息于低海拔山区、丘陵的草地、农田、树林中，以晨昏活动为主，性情温驯。以蚯蚓、小型蛙类或蝌蚪为食。

省内分布：武平、漳州市区、诏安、厦门、德化等地。

颈棱蛇

Pseudoagkistrodon rudis

有鳞目 水游蛇科

形态特征：全长1m左右。体粗壮，头宽扁，略呈三角形，头颈区分明显。背面灰褐色、灰棕色或棕色，有黑褐色大斑块；头背黑褐色，上下唇鳞砖红色，喉部土黄色；腹面黑褐色或前部淡灰色，后部瓦灰色，杂有黑褐色斑点。

生活习性：栖息于海拔600—2650m山区和丘陵的林木茂密地带，常活动于灌丛、草丛、茶林、树林中，或见于水边和溪流附近。受惊时，头体能变扁平，呈攻击状。食蚯蚓、蛙、蜥蜴等。

省内分布：武夷山、邵武、建阳、建瓯、顺昌、浦城、光泽、松溪、政和、三元、永安、将乐、泰宁、建宁、新罗、上杭、武平、连城、德化、莆田市区、仙游、宁德市区、福安、福鼎、屏南、寿宁、周宁、柘荣等地。

红脖颈槽蛇

Rhabdophis subminiatus

有鳞目 水游蛇科

形态特征： 体型中等大小，雄性全长约973mm，雌性约1135mm；躯干及尾背面草绿色，颈及体前段鳞片间皮肤腥红色，正中两行鳞片并列，其间形成颈槽，个别无颈槽，躯干及尾腹面黄白色。头背草绿色，头腹面污白色，头颈区分明显，背鳞全部具棱，两侧最外一行平滑。

生活习性： 多栖息于农田的水沟附近，白天活动。主要以蛙为食。

省内分布： 邵武、顺昌、浦城、松溪、政和、三元、永安、清流、泰宁、建宁、上杭、武平、漳州市区、漳浦、诏安、南靖、德化、福州市区、永泰等地。

虎斑颈槽蛇

Rhabdophis tigrinus

有鳞目 水游蛇科

形态特征： 雄性全长约832mm，雌性全长约985mm。体背面翠绿色或草绿色，体前段两侧有粗大的黑色与橘红色斑块相间排列，枕部两侧有1对粗大的黑色“八”形斑；颈背正中2行鳞片对称排列，并明显隆起，其间形成一明显的颈槽；头背绿色，眼下和眼斜后各具1条粗黑纹，头腹面白色；躯干及尾腹面黄绿色，腹鳞游离缘的颜色较浅。

生活习性： 栖息于山地、丘陵、平原地区的河流、湖泊、水库、水渠、稻田附近。以蛙、蟾蜍、蝌蚪和鱼为食，也吃昆虫、鸟类和鼠等。

省内分布： 延平、武夷山、建阳、建瓯、顺昌、浦城、光泽、松溪、政和、三元、明溪、宁化、将乐、泰宁、漳平、武平、连城、德化、长乐、永泰、宁德市区、福安、古田、屏南、寿宁、柘荣等地。

黄斑渔游蛇

Xenochrophis flavipunctatus

有鳞目 水游蛇科

形态特征：雄性全长约757㎜，雌性全长约970㎜。体色变化较大，背面灰褐色、深灰色、灰棕色、橄榄绿色、暗绿色、黄褐色或橘黄色，自颈后至尾有黑色网纹，网纹两侧有醒目的黑斑；头长椭圆形，与颈区分明显，头背灰绿色，眼下至唇边有一条短黑纹，眼后至口角有长黑纹，颈部有1个“V”字形黑斑；腹面白色或黄白色或淡绿黄色，腹鳞基部黑色，使整个腹面呈现等距离的黑横纹。

生活习性：栖息于山区、丘陵、平原及田野的河湖水塘边，半水栖，夜行性，能在水中潜游。捕食鱼、蛙等。

省内分布：全省广泛分布。

挂墩后棱蛇

Opisthotropis kuatunensis

有鳞目 水游蛇科

形态特征：小型蛇类，雄性全长约641mm，雌性全长约670mm。头较小，略宽扁，与颈区分不太明显，眼小，鼻孔侧仰位；背面橄榄棕色或棕黄色，自颈至尾有不太明显的黑色纵纹；腹面黄白色，尾下鳞有云斑。前额鳞1 枚；上唇鳞13—16 枚，后几枚常分为上下2 片，唇边还有小鳞片，背鳞均为19 行，起强棱，外侧弱棱。

生活习性：栖息于高山山涧溪流，半水栖，夜间活动，白天潜于水底石缝中。食蚯蚓、蝌蚪、蛙卵等。

省内分布：邵武、建瓯、顺昌、武夷山、光泽、松溪、沙县、泰宁、新罗、漳平、长汀、永定、上杭、武平、连城等地。

山溪后棱蛇

Opisthotropis latouchii

有鳞目 水游蛇科

形态特征：小型蛇类，雄性全长约462mm，雌性全长约502mm。背面橄榄棕色、橄榄灰色、棕黄色或黑灰色，每1枚鳞片中央黄白色而鳞缝黑色，因此形成黄白色与黑色相间的纵纹；腹面淡黄色或灰白色，无斑，尾下正中色深形成黑纵纹；头较小，扁平，与颈区分不明显。

生活习性：栖息于山溪中，喜潜伏岩石、沙砾及腐烂植物下。捕食蚯蚓。

省内分布：延平、邵武、武夷山、建瓯、顺昌、浦城、光泽、松溪、政和、三元、永安、大田、尤溪、将乐、泰宁、建宁、新罗、漳平、长汀、永定、上杭、武平、连城、漳州市区、龙海、漳浦、诏安、长泰、南靖、平和、华安、泉州市区、石狮、安溪、永春、德化、福州市区、闽清、永泰、宁德市区、福安、福鼎、古田、屏南、寿宁、周宁、柘荣等地。

福建后棱蛇

Opisthotropis maxwelli

有鳞目 水游蛇科

形态特征：小型蛇类，体长约442mm。背面暗棕色或黑褐色，腹面黄色；头小而扁平，与颈区分不太明显；眼小，鼻孔背侧位；背鳞通体17行，颈部无棱，体部的棱弱，尾部的棱强。

生活习性：栖息于高山溪流中，半水生，常伏于溪流石下。主食蚯蚓和甲壳动物等。

省内分布：明溪、清流、大田、新罗、漳平、长汀、上杭、武平、连城、漳州市区、龙海、南靖、漳浦、诏安、长泰、东山、泉州市区、南安、德化、安溪等地。

环纹华游蛇

Trimerodytes aequifasciatus

有鳞目 水游蛇科

形态特征：中型蛇类，雄性全长约902mm，雌性全长约1095mm。体较粗壮；头较宽，略扁，吻稍钝，眼较大；背面棕色、棕褐色、棕黄色或灰绿色，有黑褐色环纹，在体侧环纹交叉成“X”形斑；腹面黄白色或灰白色；背鳞起棱，最外1 行光滑。

生活习性：栖息于平原、丘陵及低山区的河边、溪旁，亦见于树上，白天活动。食鱼、蛙等。

省内分布：延平、邵武、武夷山、建瓯、顺昌、浦城、光泽、松溪、政和、三元、永安、明溪、清流、宁化、大田、尤溪、将乐、泰宁、建宁、新罗、漳平、长汀、上杭、武平、连城、漳州市区、龙海、云霄、漳浦、诏安、长泰、东山、南靖、平和、华安、厦门、晋江、安溪、德化、惠安、莆田市区、仙游、福州市区、闽侯、连江、罗源、闽清、永泰、平潭等地。

赤链华游蛇

Trimerodytes annularis

有鳞目 水游蛇科

形态特征：中小型蛇类，雄性全长约518mm，雌性全长约670mm。体粗壮浑圆；头卵圆形，头颈区分明显，吻钝圆，上唇黄白色，鳞缝黑色；背面灰褐色、暗褐色、藕灰色、黑褐色或暗绿色，颈至尾有黑色横斑，少数横斑成环纹，体侧和腹面的环纹清晰可辨；腹面为鲜艳的橙红色或粉红色；背鳞除最外1 行外均起棱。

生活习性：栖息于山区、丘陵或平原地带的水田、溪流、池塘等水域附近，常在水中活动，受惊时潜入水底。食鱼、蛙和蝌蚪等。

省内分布：全省广泛分布。

乌华游蛇

Trimerodytes percarinatus

有鳞目 水游蛇科

形态特征：雄性全长约740mm，雌性全长约990mm。躯干及尾背面青灰色，腹面污白色，通身有围绕周身的黑色环纹。正背由于基色较深，环纹不明显；腹面环纹亦往往模糊不清，形成密布腹面的灰褐色碎点；头背橄榄灰色，上唇鳞色稍浅，鳞沟色较深，头腹面灰白色；背鳞全部具棱，正中强棱。

生活习性：栖息于山区溪流或水田内。捕食鱼和蛙。

省内分布：延平、邵武、武夷山、建瓯、建阳、顺昌、浦城、光泽、松溪、政和、三元、永安、大田、尤溪、将乐、泰宁、建宁、新罗、漳平、长汀、永定、上杭、武平、连城、漳州市区、龙海、云霄、漳浦、诏安、长泰、南靖、平和、华安、厦门、泉州市区、晋江、南安、安溪、永春、德化、莆田市区、仙游、长乐、闽侯、连江、罗源、闽清、永泰、宁德市区、福安、福鼎、霞浦、古田、屏南、寿宁、周宁、柘荣等地。

福建颈斑蛇

Plagiopholis styani

有鳞目 斜鳞蛇科

形态特征：全长290—314㎜。头短小，略扁，与颈区分不明显。体圆柱形，短粗，尾短。背面红棕色或棕色，部分鳞缘黑色，形成断续黑网纹，颈部有1个明显的黑箭斑，腹面黄色或浅黄色或浅灰色，两侧有小黑斑点。

生活习性：栖息于海拔700—1000m的山区，常见于竹林或其他林地，穴居。食蚯蚓。

省内分布：武夷山、光泽等地。

横纹斜鳞蛇

Pseudoxenodon bambusicola

有鳞目 斜鳞蛇科

形态特征：全长610—657mm。头颈区分明显，体背腹略扁平。背面紫灰色，或淡棕灰色、黄褐色、黑褚色、浅黑灰色，自颈至尾有黑褐色横斑，体前的横斑环绕整个腹部，体后的横斑仅延至腹侧，横斑间有黑网状线纹，尾背有1条浅色脊线，两侧各有1条黑纵纹。头背前部有1个黑色弧形斑，经眼延伸达口角，起自额鳞后缘有1个显眼的箭状黑斑，左右沿颈向后延伸与体背第一个横斑相接，唇部黄白色。腹面黄白色或灰白色，前部有褐色横斑，后部及尾下有许多褐斑点。

生活习性：栖息于海拔420—850m的山区，常见于林地、草坡、溪边、道旁。食蛙、蜥蜴。

省内分布：延平、邵武、武夷山、建瓯、建阳、顺昌、浦城、光泽、松溪、政和、三元、明溪、清流、大田、尤溪、将乐、泰宁、建宁、新罗、漳平、长汀、永定、上杭、武平、连城、漳州市区、龙海、云霄、漳浦、诏安、长泰、东山、南靖、平和、华安、厦门、泉州市区、安溪、永春、德化、莆田市区、仙游、福州市区、罗源、闽清、永泰、宁德市区、福安、福鼎、霞浦、古田、屏南、寿宁、周宁、柘荣等地。

崇安斜鳞蛇

Pseudoxenodon karlschmidti

有鳞目 斜鳞蛇科

形态特征：全长756—1085㎜。头颈区分明显，吻钝圆。背面灰黑色，自颈至尾中央有不规则椭圆形淡灰色斑块，头背无斑，颈部有1个明显箭状黑斑，箭头镶有灰白边，腹鳞有黑斑点，两侧较密集，前后连成1条纵纹。

生活习性：栖息于海拔400—1710m的山区，常见于森林中、山坡上、灌木下、树林里、溪流边，亦见于道旁，行动缓慢。食蛙。

省内分布：延平、邵武、武夷山、建阳、顺昌、将乐等地。

大眼斜鳞蛇

Pseudoxenodon macrops

有鳞目 斜鳞蛇科

形态特征：全长555—1283mm。头长椭圆形，与颈区分明显，吻钝圆，眼大，瞳孔圆形，鼻孔亦大。背面红棕色、黑棕色或黑灰色，自颈至尾正中有1 行浅色或红棕色或橘黄色似菱形的斑块；头背有棕色斑纹或黑灰色、无斑，颈背箭状黑斑或棕色斑显著，唇及颈侧色淡或橘红色，约前1/5 体侧亦有红棕色或浅色斑块。腹面黄白色或灰白色，前部有棕黑色斑块，后部密布黑斑点。黑化个体背面黑灰色，无斑。

生活习性：栖息于山区及丘陵地带，常见于常绿阔叶林、灌草丛、农田、溪边、路旁、潮湿的岩石堆上，受惊时体前段竖起颈膨扁，能呼呼发声。白天活动。食蛙类。

省内分布：延平、邵武、武夷山、建瓯、建阳、明溪、清流、宁化、大田、尤溪、沙县、将乐、泰宁、建宁、武平、连城、德化、福州市区、闽侯、永泰等地。

纹尾斜鳞蛇

Pseudoxenodon stejnegeri

有鳞目 斜鳞蛇科

形态特征： 全长598—820㎜，最长可达1m。头椭圆形，与颈区分明显，眼大。背面灰黑色、灰褐色或红棕色或橄榄棕色，正中央有灰黄色或黄褐色或灰红色似菱形斑块，体后部至尾端无斑，由镶黑边的灰黄色或黑色纵带所代替；眼后至口角有1 条灰黑色带斑，颈部有1 个黑色箭状斑或不明显；腹面黄白色或灰白色，两侧有黑斑。

生活习性： 栖息于海拔700—1400m 的高山森林及竹丛中，穴居，亦见于山坡竹林下、沟边。食蛙、昆虫。

省内分布： 延平、邵武、武夷山、建瓯、顺昌、浦城、松溪、政和、沙县、泰宁、漳州市区、龙海、云霄、漳浦、诏安、长泰、南靖、平和、华安、罗源等地。

黑头剑蛇

Sibynophis chinensis

有鳞目 剑蛇科

形态特征：全长500mm左右。头背面为暗黑色，颈背有一粗大黑色横斑，上唇鳞白色，其下缘间杂以黑斑点；背鳞光滑，背部暗褐色或深棕色，背脊有1条棕褐色线纹，中后段逐渐不明显；腹部灰绿色或灰白色，腹鳞两侧有多数纤细黑点并列成行。

生活习性：栖息于海拔150—2000m的山区，常见于石洞、树丛和溪边。主要捕食小型蜥蜴、小型蛇类。

省内分布：延平、邵武、武夷山、建瓯、建阳、顺昌、浦城、光泽、松溪、政和、三元、永安、明溪、清流、宁化、大田、尤溪、将乐、泰宁、建宁、长汀、永定、上杭、武平、连城、德化、福州市区、福清、闽侯、闽清、宁德市区、福安、福鼎、霞浦、古田、屏南、周宁、柘荣等地。

大鲵（ní） 别名：中国大鲵

Andrias davidianus

有尾目 隐鳃鲵科

形态特征：全长约 1m，大者可达 2m 以上。头体扁平，眼很小，无眼睑。皮肤较光滑，头部背、腹面均有成对的疣粒，体侧有厚的皮肤褶和疣粒，肋沟 12—15 条或不明显；四肢粗短，其后缘均有皮肤褶。掌、跖部无黑色角质层；前足 4 个指，后足 5 个趾，指、趾有缘膜，其基部具蹼迹。体背面浅褐色、棕黑色或浅黑褐色等，有黑色或褐黑色花斑或无斑，腹面灰棕色。

生活习性：栖息于海拔 100—1200m 的山区水流较为平缓的河流、大型溪流的岩洞或深潭中。成鲵多营单栖生活，幼体喜集群于石滩内。白天很少活动，偶尔上岸晒太阳，夜间活动频繁。主要以蟹、鱼、蛙、虾、水生昆虫为食。

省内分布：连城、寿宁等地。

保护级别：国家二级保护野生动物（仅限野外种群）。

高山棘螈

Echinotriton maxiquadratus

有尾目 蝾螈科

形态特征：全长约130mm。头宽扁，头宽大于头长，近似三角形；吻短，吻端平截；头侧骨质棱明显；头顶后方有“V”形棱脊，与背中央脊棱相连接；只有一条中央脊棱，平扁但明显；尾侧扁，尾背部较腹部更粗厚。皮肤粗糙，体背和侧部富有腺质锥状的不规则疣粒；体色大部分为黑色，体侧疣粒的端部呈现浅灰黄色；方骨端、指趾端、腕跗骨端、泄殖腔和尾腹部呈现淡橘红色。腹部布满较大的圆型小瘤，并具横缢纹；头、指趾、手掌、足底、尾腹部没有疣粒。

生活习性：栖息于靠近山顶退化的次生灌木林，周围具有较高的草丛，湿地和静水塘散布在其中，环境的湿度较大。白天隐居于石块或植物的根部。主食蚯蚓、蛞蝓、小型螺类和节肢动物等。

省内分布：永安、德化等地。

保护级别：国家二级保护野生动物。

黑斑肥螈

Pachytriton brevipes

有尾目 蝾螈科

形态特征： 雄螈全长155—193mm，雌螈全长160—185mm。头部略扁平，头长大于头宽；吻端钝圆，头侧无棱脊，唇褶发达。背面皮肤光滑，枕部多有“V”形隆起，背脊部位不隆起而呈浅纵沟，肋沟11条，体、尾两侧有横细皱纹；咽喉部常有纵肤褶，颈褶显著，体腹面光滑无疣。体背面及两侧浅褐色或灰黑色，腹面橘黄色或橘红色，周身满布褐黑色或褐色圆点，圆点的多少、大小及疏密有个体差异。

生活习性： 多栖息于海拔800—1700m的大小山溪内。成螈以水栖生活为主，白天常隐于溪内石块或石隙间。主要捕食蜉蝣目、襀翅目、双翅目、鞘翅目等昆虫及其他小动物。

省内分布： 全省广泛分布。

橙脊瘰螈

luǒ

Paramesotriton aurantius

有尾目 蝾螈科

形态特征：雄螈全长109—152mm，雌螈全长130—153mm。头部扁平略呈三角形；头侧棱脊显著，自吻端向后至枕部逐渐扩大；背脊棱明显突起，呈棕色，自枕部向后延伸达尾部。皮肤粗糙，头体背面及体侧满布大小分散的瘰粒，体背侧较大而密，从肩部上方沿体侧至尾基部形成2条纵行；枕部的“V”形隆起较明显。背面和尾侧为黑褐色或棕褐色，腹面色较浅；肛后沿尾腹鳍褶至尾前半段有一橘红色条纹，有的被深色斑所中断；指、趾基部有黄色斑点。

生活习性：栖息于山涧流水较缓的溪流中，溪水较浅，水中常有沙石、落叶等，也可见于路边的沟渠中。捕食叩头虫、叶甲虫、象鼻虫、蚯蚓和螺等。

省内分布：莆田市区、连江、罗源、宁德市区、柘荣等地。

保护级别：国家二级保护野生动物。

中国瘰螈
luǒ

Paramesotriton chinensis

有尾目 蝾螈科

形态特征：雄螈全长126—141mm，雌螈全长133—151mm。头部扁平，吻端平切，鼻孔位于吻端两侧。头体背面较布满大小瘰疣，头侧有腺质棱脊，枕部有“V”形棱脊与体背正中棱脊相连，体侧无肋沟，疣粒较大而密排成纵行。全身褐黑色，但随环境其颜色深浅有变异；背中央纵行脊棱棕色；体侧和四肢上有黄色圆斑；体腹面有形状不一的橘红色或橘黄色斑点。

生活习性：栖息于海拔200—1200m丘陵的溪流中。成螈白天隐蔽在水底石间或腐叶下，时而游到水面呼吸空气，阴雨季节常登陆爬到草丛中。主要捕食昆虫、蚯蚓、螺类及其他小动物。

省内分布：莆田市区、仙游、福清、闽侯、罗源、闽清、永泰、宁德市区、福安、福鼎、霞浦、古田、屏南、寿宁、周宁、柘荣等地。

保护级别：国家二级保护野生动物。

福鼎蝾螈

Cynops fudingensis

有尾目 蝾螈科

形态特征：雄螈全长 72—77mm，雌螈全长 80—95mm。头部卵圆形。头、体和四肢背面及尾满布痣粒；枕部“V”形隆起清晰，体背中央脊棱明显，无肋沟；咽喉部纵缢纹少，无颈褶，胸腹部和四肢腹面光滑。体背面浅褐色至深褐色，有不清楚的黑褐色斑点，背脊棱暗橘红色；眼后无橘红色斑点；咽喉部和体腹面橘红色或橘黄色，其上无黑色斑点，颈部无黑横纹，少数个体在腹侧有小黑点；肩部和腋部各有 1 个黑点；尾两侧有不规则的黑点；肛部和尾下缘橘红色，有的个体肛孔后缘为黑色。

生活习性：栖息于海拔 700m 左右的山区荒芜的农田及其附近草丛和小水塘。主食节肢动物。

省内分布：福鼎、柘荣等地。

东方蝾螈

Cynops orientalis

有尾目 蝾螈科

形态特征：雄螈全长61—77mm，雌螈全长64—94mm。头部扁平，头长明显大于头宽；唇褶显著，头背面两侧无棱脊。体背面满布痣粒及细沟纹，背脊扁平，枕部“V”形隆起不清晰，体背中央脊棱弱，无肋沟；咽喉部痣粒不明显，颈褶明显，胸腹部光滑。体背面黑色显蜡样光泽，一般无斑纹；腹面橘红色或朱红色，其上有黑斑点；肛前半部和尾下缘橘红色。肛后半部黑色或边缘黑色。

生活习性：栖息于海拔30—1000m的山区，多栖于有水草的静水塘和稻田及其附近。白天静伏于水草间或石下，偶尔浮游到水面呼吸空气。主要捕食蚊蝇幼虫、蚯蚓及其他水生小动物。

省内分布：延平、邵武、武夷山、建瓯、顺昌、政和、三元、永安、明溪、清流、宁化、大田、尤溪、沙县、将乐、泰宁、建宁、新罗、漳平、长汀、上杭、武平、连城、长泰、华安、泉州市区、南安、安溪、永春、德化、莆田市区、仙游、福清、闽侯、罗源、闽清、永泰、宁德市区、福安、福鼎、霞浦、古田、屏南、寿宁、周宁、柘荣等地。

潮汕蝾螈

Cynops orphicus

有尾目 蝾螈科

形态特征： 成螈全长约74mm，头体长约46mm。头扁平，吻部圆，吻端钝圆。枕部有“V”形隆起，与体背中央脊棱相连，少数个体背脊棱不明显。体背、腹面皮肤较光滑，有痣粒，肋沟约14条或不明显；咽喉部较光滑，颈褶明显或不明显。体背面黑褐色或黄褐色，色浅者体尾有黑褐色斑点；咽喉部和体腹侧黑斑形状变异颇大，体腹面中央橘红色多形成纵带，前、后肢基部腹面和掌、跖部各有1个橘红色斑，肛前部橘红色、后部黑色；尾腹面前4/5左右为橘红色。

生活习性： 栖息于海拔640—1600m的山区。繁殖期成螈多在静水塘和沼泽地内活动，常栖息于水深1m左右、水草较多、塘底腐殖质厚的水塘内。主食蚯蚓等。

省内分布： 德化、永泰等地。

保护级别： 国家二级保护野生动物。

崇安髭蟾

Leptobrachium liui

无尾目 角蟾科

形态特征： 雄蟾体长约 86mm，雌蟾体长约 71mm。头扁平，鼓膜隐蔽。体背部有极细的网状肤棱；四肢背面肤棱显著，呈纵行；腹面及体侧满布浅色痣粒，腋腺大呈椭圆形，有股后腺。体背面浅褐色略带紫色，有许多不规则的黑斑；眼上半浅绿色，下半深棕褐色；胯部有一白色月牙斑，体腹面满布白色小颗粒。雄性上唇缘左右侧各有一枚锥状角质刺（雌蟾相应部位为橘黄色点），有单咽下内声囊，无雄性线。

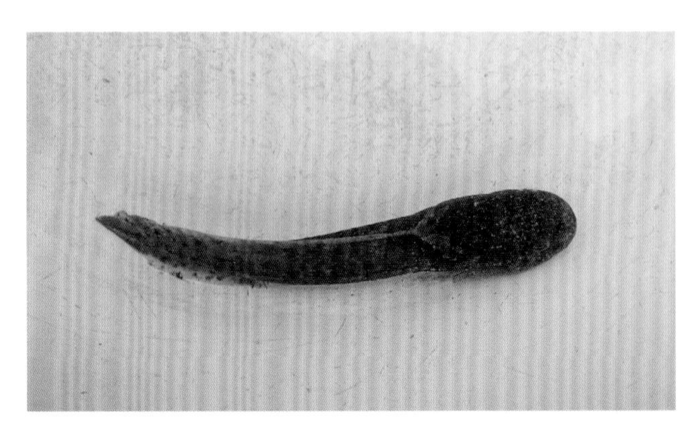

生活习性： 栖息于海拔 800—1500m 山区的常绿阔叶林和竹林。成蟾营陆栖生活，雄蟾常栖息在溪流附近的草丛、土穴中或石块下，在农田内也可见到。主食鞘翅目昆虫、苔藓和藻类等。

省内分布： 武夷山、延平、邵武、浦城、光泽、松溪、建宁、泰宁、德化、永泰等地。

福建掌突蟾

Leptobrachella liui

无尾目 角蟾科

形态特征：雄蟾体长23—29mm，雌蟾体长23—28mm。体背部较光滑或有小疣，在肩基部上方有一个白色圆形腺体，在肛部侧上方有一对称圆形腺体；腹面光滑，腋腺大，股后腺略大于趾端。体背面灰棕或棕褐色，两眼间有深色三角斑，肩上方有"W"形斑，上臂和胫跗关节部位浅棕色；胸腹部一般无斑点，腹侧有白色腺体排列成纵行。

生活习性：栖息于海拔730—1400m山溪边的泥窝、石隙或落叶下。夜间栖息于溪边石上或竹枝以及枯叶上鸣叫，音大而尖。白天隐藏在阴湿处，极难发现。主食昆虫等。

省内分布：延平、邵武、武夷山、建瓯、顺昌、浦城、光泽、松溪、政和、三元、永安、明溪、清流、宁化、大田、尤溪、将乐、泰宁、建宁、新罗、漳平、长汀、上杭、武平、连城、永春、德化、福清、闽清、永泰、古田等地。

淡肩角蟾

Megophrys boettgeri

无尾目 角蟾科

形态特征：雄蟾体长35—38mm，雌蟾体长40—47mm。吻部呈盾形，突出于下唇，吻棱棱角状，颊部垂直，鼓膜明显；背面皮肤较粗糙或光滑；头及体背部有小刺疣，体侧有大疣，肤褶或有或无，腹面光滑。背部多为灰棕色有黑褐色斑，两眼间及头后褐黑色，向后延伸到背中部形成1条宽带纹；肩上方有圆形或半圆形浅棕色斑；四肢有深浅相间的横纹；腹面灰紫色，咽喉部有一个黑褐色纵斑，腹部无斑或有少许碎斑。雄蟾第一指上有深棕色婚刺，有单咽下内声囊，无雄性线。

生活习性：栖息于海拔330—1600m的山区溪流附近。5—6月间成蟾白天多隐蔽于石下或溪边草丛中，夜间常在灌木叶片上、枯竹竿或沟边石上。以鳞翅目、鞘翅目、膜翅目等昆虫及其他小动物为食。

省内分布：延平、邵武、武夷山、建瓯、顺昌、浦城、光泽、松溪、政和、三元、永安、明溪、清流、宁化、大田、尤溪、将乐、泰宁、建宁、新罗、漳平、长汀、上杭、武平、连城、泉州市区、永春、德化、福州市区、福清、闽侯、连江、罗源、闽清、永泰、宁德市区、福安、福鼎、古田、屏南、寿宁、周宁、柘荣等地。

挂墩角蟾

Megophrys kuatunensis

无尾目 角蟾科

形态特征：雄蟾体长26—30mm，雌蟾体长37mm左右。吻部盾形，突出于下唇，吻棱显著，鼓膜清晰。背部皮肤光滑；头部、上眼睑后半部痣粒颇多，体背后部、体侧及肛孔附近疣粒大；体腹面光滑。体背面一般为棕红色，两眼间三角形斑和背部“X”形斑均显著，并镶有橙黄色边，上下唇缘有深色纵纹，肩部无浅色圆斑，体侧有黑色花纹并杂以小白点；咽喉中部和两侧有黑褐色斑。雄蟾第一指有细小婚刺，第二指婚刺甚少，有单咽下内声囊。

生活习性：栖息于海拔600—1300m的山区溪流旁草丛中。成蟾在夜间常蹲在石头上或草丛中鸣叫，发出“呷、呷”的鸣叫声，每次连续5声，有节奏的重复鸣叫。捕食鳞翅目、鞘翅目和膜翅目等昆虫及其他小动物。

省内分布：延平、武夷山、邵武、浦城、光泽、松溪、长汀、上杭、武平、连城、德化等地。

雨神角蟾

Megophrys ombrophila

无尾目 角蟾科

形态特征：雄蟾体长27.4—34.5mm，雌蟾体长32.8—35.0mm。吻棱发达，鼓膜大而明显。雄性带有单咽下声囊，缺乏婚垫和婚刺，雄性肛部上方不呈弧状凸出。背部表面光滑，并散布一些刺疣和肤棱；两眼之间有三角形的嵴并带有小的刺疣；背部亮棕色，带有深棕色的“Y”斑；眼睑的后缘带有角状的疣粒；颞褶明显；从喉部中间到胸部有一些显著的条纹，颜色比周围组织深；腹面浅棕色和橘黄色并带有深棕色条纹平行于身体轴线；胸腺和股后腺白色；股、胫部和趾有深色横纹。

生活习性：栖息于竹林和阔叶林之间边缘区域。叫声急促，似口哨声。捕食鳞翅目、鞘翅目和膜翅目等昆虫及其幼虫。

省内分布：武夷山市。

东方短腿蟾

Megophrys orientalis

无尾目 角蟾科

形态特征：雄蟾体长 76.8—82.7mm，雌蟾体长 88.6mm。吻短，吻棱不明显；鼓膜隐蔽，颞褶显著；单咽下声囊。第一、第二指基部有婚垫，婚刺黑色。头背面皮肤光滑，几个大的锥状疣粒位于上眼睑外缘，其中一个伸长，似锥状的角；身体背面和侧面略微粗糙，散布一些大的腺状瘰粒和小的疣粒；四肢背面有一些小的疣粒；头部、身体与四肢腹面光滑。胸腺明显，形状不规则，股后腺不明显。头和身体背面棕色，有深色的斑块和条纹；四肢背面有不规则的黑斑。

生活习性：栖息于常绿阔叶林山溪流附近的草丛中、石块下、石缝内或洞穴中。8 月雄蟾在隐蔽的地方发出一系列呱呱叫声。捕食昆虫。

省内分布：上杭、南靖等地。

中华蟾蜍

Bufo gargarizans

无尾目 蟾蜍科

形态特征：雄蟾体长 79—106mm，雌蟾体长 98—121mm。吻棱明显，鼓膜显著，耳后腺大呈长圆形。皮肤粗糙，背部布满大小不等的圆形瘰粒，仅头部平滑；腹部满布疣粒，胫部瘰粒大。趾侧缘膜显著，第四趾具半蹼。体色变异颇大，随季节而异，雄性背面墨绿色、灰绿色或褐绿色，雌性背面多呈棕黄色，有的个体体侧有黑褐色纵行条纹，纹上方大疣乳白色；腹面乳黄色与棕色或黑色形成花斑，股基部有一团大棕色斑，体侧无棕红色斑纹。雄性内侧 3 指有黑色刺状婚垫，无声囊。

生活习性：栖息于海拔 120—900m，除冬眠和繁殖期栖息于水中外，多在陆地草丛、山坡石下或土穴等潮湿环境中栖息。其食性较广，以昆虫、蜗牛、蚯蚓及其他小动物为主。

省内分布：延平、邵武、武夷山、建瓯、顺昌、浦城、光泽、松溪、政和、三元、永安、明溪、清流、宁化、大田、尤溪、将乐、泰宁、建宁、新罗、上杭、连城、武平、长汀、漳平、安溪、永春、德化、福州市区、福清、闽侯、罗源、闽清、宁德市区、福安、福鼎、古田、屏南、寿宁、周宁、柘荣等地。

黑眶蟾蜍

Duttaphrynus melanostictus

无尾目 蟾蜍科

形态特征：雄蟾体长72—81mm，雌蟾体长95—112mm。头部两侧有黑色骨质棱，该棱沿吻棱经上眼睑内侧直到鼓膜上方；耳后腺长椭圆形。皮肤粗糙，全身除头顶外，满布瘰粒或疣粒，背部瘰粒多，腹部密布小疣，四肢刺疣较小。趾侧有缘膜，具半蹼，关节下瘤不明显，内外跖突较小。背面多为黄棕色或黑棕色，有的具不规则棕红色斑，腹面乳黄色，多少有花斑。雄蟾内侧3指有棕婚刺，有单咽下内声囊。

生活习性：栖息于海拔10—1700m的多种环境内。常活动在草丛、石堆、耕地、水塘边及村舍附近。夜晚外出觅食，以蚯蚓、软体动物、多足类以及各种昆虫等为食。

省内分布：全省广泛分布。

中国雨蛙

Hyla chinensis

无尾目 雨蛙科

形态特征：雄蛙体长 30—33mm，雌蛙体长 29—38mm。背面皮肤光滑；颞褶细、无疣粒，腹面密布颗粒疣，咽喉部光滑。指、趾端有吸盘和边缘沟，内跗褶棱起，外侧 3 趾间具 2/3 蹼。背面绿色或草绿色，体侧及腹面浅黄色；一条清晰的深棕色细线纹，由吻端至颞褶达肩部，在眼后鼓膜下方又有一条棕色细线纹，在肩部会合成三角形斑；体侧和股前后有数量不等的黑斑点；跗足部棕色。雄蛙第一指有婚垫，有单咽下外声囊、具深色；有雄性线。

生活习性：栖息于海拔 200—1000m 低山区。白天多匍匐在石缝或洞穴内，隐蔽在灌丛、芦苇、美人蕉以及高秆作物上。夜晚多栖息于植物叶片上鸣叫，头向水面，鸣声连续音高而急。捕食蝽象、金龟子、象鼻虫、蚁类等小动物。

省内分布：全省广泛分布。

无斑雨蛙

Hyla immaculata

无尾目 雨蛙科

形态特征：雄蛙体长 31mm 左右，雌蛙体长 36—41mm。体和四肢背面光滑，胸、腹、股部遍布颗粒状疣。第二、四指等长，指间基部有蹼迹，不明显；指、趾端具吸盘，吸盘有边缘沟；趾间约具 1/3 蹼。体背面纯绿色，体侧与股前后方浅黄色或黄色，均无黑斑点；体侧、前臂后缘、胫与足外侧及肛上方有一条白色细线纹，鼻眼间无黑棕色细纹；体和四肢腹面白色或乳黄色。雄蛙第一指具乳白色婚垫，有单咽下外声囊，有雄性线。

生活习性：栖息于海拔 200—1200m 的山区稻田及农作物秆上、田埂边、灌木枝叶上。成蛙在下雨后或夜间常外出活动，多栖息于池塘边、稻丛中或草丛中鸣叫。捕食多种昆虫等小动物。

省内分布：邵武市。

三港雨蛙

Hyla sanchiangensis

无尾目 雨蛙科

形态特征：雄蛙体长31—35mm，雌蛙体长33—38mm。背面皮肤光滑，胸、腹及股腹面密布颗粒疣，咽喉部较少。指、趾端有吸盘和边缘沟，外侧两指间蹼较发达；趾间几乎为全蹼。背面黄绿色或绿色，眼前下方至口角有一明显的灰白色斑，眼后鼓膜上、下方有两条深棕色线纹在肩部不相会合；体侧前段棕色，体侧后段和股前后及体腹面浅黄色；体侧后段及四肢有不同数量的黑圆斑，体侧前段无黑斑点；手和跗足部棕色。雄性第一指有深棕色婚垫；具单咽下外声囊；有雄性线。

生活习性：栖息于海拔500—1560m的山区稻田及其附近。白天多在土洞、石穴内或竹筒内，傍晚外出捕食。主食叶甲虫、金龟子、蚁类以及高秆作物上的多种害虫。

省内分布：延平、邵武、武夷山、光泽、德化等地。

长肢林蛙

Rana longicrus

无尾目 蛙科

形态特征：雄蛙体长37—45mm，雌蛙体长38—59mm。皮肤光滑，背面一般为黄褐色、赤褐色、绿褐色或棕红色，背部及体侧有不明显的疣粒，背侧褶细窄，颞部有黑色三角斑，腹面白色，有的胸部有浅黑色斑纹。头长大于头宽，鼓膜圆形，约为眼径的2/3；指、趾端钝圆而无沟，趾间蹼缺刻深，后肢细长，后肢前伸贴体时胫跗关节达吻端或超过。

生活习性：栖息于海拔1000m以下平原、丘陵和山区，以阔叶林和农耕地为主要栖息地。白天多隐匿于水边草丛中，夜晚活动频繁，主要捕食腹足类、寡毛纲、蛛形纲、甲壳纲、昆虫纲小动物和蜈蚣等。

省内分布：全省广泛分布。

武夷林蛙

Rana wuyiensis

无尾目 蛙科

形态特征： 雄蛙体长42—46mm，雌蛙体长48—50mm。背部皮肤光滑，棕灰色，有深褐色斑，背侧褶清晰且狭窄，后肢背侧有平行排列的横细肤褶，跗褶明显，背侧褶和四肢肤褶黄棕色，腹部皮肤光滑，乳白色，喉部、胸部和上腹部有不规则浅橙色短条纹，股周具大量扁平疣粒；头长大于头宽，吻端尖，突出于下唇，吻棱明显，眼径大于鼓膜径，鼓膜明显，颞褶与背侧褶断开，近肩部隆起；雄蛙前肢粗壮，雌蛙前肢纤细，指关节下瘤突出，指端略呈吸盘状，腹侧无沟，后肢前伸贴体时胫跗关节远超过吻端，趾端平滑，腹侧无沟；舌梨形，后端缺刻明显，犁骨齿两斜列，位于内鼻孔内侧向中线倾斜。

生活习性： 栖息于海拔700—1400m 山区常绿阔叶林小而浅的溪流及附近的草地。主食腹足类、寡毛纲、甲壳纲、蜈蚣和昆虫等。

省内分布： 武夷山市。

崇安湍蛙

Amolops chunganensis

无尾目 蛙科

形态特征：雄蛙体长 34—39mm，雌蛙体长 44—54mm。体背面皮肤光滑满布小痣粒，背侧褶平直，有的个体胫部有纵肤棱；体腹面光滑。各指吸盘较小均具边缘沟；内跖突卵圆形，有外跖突，各趾均具吸盘和边缘沟，第四趾蹼达远端关节下瘤，其余趾为全蹼。体背面颜色有变异，多为橄榄绿色、灰棕色或棕红色，有不规则灰色斑点或不明显，四肢有深灰色或褐色横纹；腹面浅黄色，咽胸部有云斑。雄蛙第一指具婚垫，有一对咽侧下外声囊，有雄性线。

生活习性：栖息于海拔 700—1800m 林木繁茂的山区。非繁殖期间分散栖息于林间，繁殖期进入溪流。捕食昆虫、蚁类和蜘蛛等。

省内分布：武夷山、延平、浦城、光泽等地。

戴云湍蛙

Amolops daiyunensis

无尾目 蛙科

形态特征： 雄蛙体长36—58mm，雌蛙体长44—63mm。皮肤较光滑，上眼睑后半部及体侧有疣粒；跗部有宽厚腺体；腹面有扁平疣。指、趾均有吸盘和边缘沟，后者较小；后肢较长而粗壮，趾间满蹼，外侧跖间蹼达跖基部。体背面多为橄榄绿色并有浅色斑纹，四肢背面各部有宽横纹3—4条；腹面乳黄色或乳白色，咽胸部有少数黑斑。雄蛙第一指婚垫上具乳黄色或乳白色细婚刺，具一对咽侧下内声囊，无雄性线。

生活习性： 栖息于海拔700—1400m的山溪或其附近。成蛙常攀附在溪岸边石上或瀑布中急流处的岩壁上。捕食多种昆虫、蜘蛛等小动物。

省内分布： 永安、大田、新罗、漳平、长汀、上杭、武平、连城、漳州市区、云霄、漳浦、诏安、南靖、平和、华安、安溪、永春、德化等地。

华南湍蛙

Amolops ricketti

无尾目 蛙科

形态特征：雄蛙体长 42—61mm，雌蛙体长 54—67mm。皮肤粗糙，全身背面满布大小痣粒或小疣粒，体侧大疣粒较多；体腹面一般光滑，雄性股部和腹后部成颗粒状或有细皱纹。指、趾末端均具吸盘及边缘沟，趾间全蹼。体背面多为灰绿色、棕色或黄绿色，满布不规则深棕色或棕黑色斑纹，四肢具棕黑色横纹；腹面黄白色，咽胸部有深灰色大理石斑纹，四肢腹面肉黄色，无斑。雄蛙第一指基部具乳白色婚刺，无声囊，无雄性线。

生活习性：栖息于海拔 410—1500m 的山溪内或其附近。白天少见，夜晚栖息在急流处石上或石壁上，一般头朝向水面，稍受惊扰即跃入水中。捕食蝗虫、蟋蟀、金龟子及其他小动物。

省内分布：延平、邵武、武夷山、建瓯、顺昌、浦城、光泽、松溪、政和、三元、永安、明溪、清流、宁化、大田、尤溪、将乐、泰宁、建宁、新罗、漳平、长汀、上杭、武平、连城、安溪、德化、福州市区、福清、闽侯、连江、罗源、闽清、宁德市区、福安、福鼎、古田、屏南、寿宁、周宁、柘荣等地。

武夷湍蛙

Amolops wuyiensis

无尾目 蛙科

形态特征：雄蛙体长 38—45mm，雌蛙体长 45—53mm。皮肤略粗糙，背面有小痣粒，口角后方有两个颌腺；体侧有圆疣，股后方有许多密集的小圆疣，无背侧褶；胫部外侧疣粒排列成行，后腹部的疣较明显。指、趾端吸盘小，均具边缘沟；趾间全蹼，外侧跖间蹼达跖基部。体背面多为黄绿色或灰棕色，散有不规则黑棕色斑块，四肢背面各部有横纹 3 条左右，腹面白色，咽喉部紫灰色，少数个体胸腹部有云斑，四肢腹面肉色。雄蛙第一指基部有黑色角质婚刺，具一对咽侧下内声囊，无雄性线。

生活习性：栖息于海拔 100—1300m 较宽的溪流内或其附近，溪流两岸乔木、灌丛和杂草茂密。成蛙白昼隐蔽在溪边石穴内，夜间攀附在岸边石上或岩壁上。捕食昆虫、小螺等小动物。

省内分布：延平、邵武、武夷山、建瓯、顺昌、浦城、光泽、松溪、政和、三元、永安、明溪、清流、宁化、尤溪、将乐、泰宁、建宁、德化、仙游、罗源、闽清、永泰、宁德市区、福安、福鼎、霞浦、古田、屏南、寿宁、周宁、柘荣等地。

弹琴蛙

Nidirana adenopleura

无尾目 蛙科

形态特征：雄蛙体长53—58mm，雌蛙体长54—60mm。皮肤较光滑，背面灰棕色或蓝绿色，一般有黑色斑点，腹面灰白色，雄蛙咽喉部有深色或棕色细斑；背侧褶明显、色浅，自眼后直达胯部，后段不连续；头部扁平，头长略大于头宽，吻端突出于下唇，吻棱明显，鼓膜与眼几乎等大；指端略膨大成吸盘，一般有横沟，趾端吸盘较大，有腹侧沟，趾间具蹼，后肢前伸贴体时胫跗关节达鼻孔或吻端；犁骨齿两短斜行，舌后端缺刻深。

生活习性：成蛙栖息于海拔30—1800m 的山区梯田、沼泽地、水塘及其附近，白天隐匿于石缝里，夜间外出摄食。捕食水蛭、蜈蚣和昆虫等。

省内分布：全省广泛分布。

小腺蛙 别名：小山蛙

Glandirana minima

无尾目 蛙科

形态特征：雄蛙体长 23—32mm，雌蛙体长 25—32mm。体背面皮肤粗糙，满布纵行长肤棱及小白腺粒，多排列成 8 列左右；腹面皮肤光滑，胸侧和股后下方及肛周围有扁平疣状腺体，且密集。指、趾略扁，仅趾腹侧具沟；趾间半蹼或 1/3 蹼。背面黄褐色或深或浅，体背后部及体侧常有少数黑斑，有的在头后至肛上方有一条浅色脊线；四肢具横纹；体腹面浅灰色有深色小点，股、胫腹面有深色小斑。雄性第一指婚垫上细刺密集；有一对咽侧下内声囊，背侧有雄性线。

生活习性：栖息于海拔 110—550m 山区或丘陵地区，成蛙多栖于小水坑、沼泽或小溪边的草丛中。主食昆虫等。

省内分布：莆田市区、仙游、福州市区、福清、闽侯、罗源、连江、永泰等地。

保护级别：国家二级保护野生动物。

沼水蛙

Hylarana guentheri

无尾目 蛙科

形态特征：雄蛙体长 59—82mm，雌蛙体长 62—84mm。皮肤光滑，背侧褶显著，从眼后直达胯部；体侧皮肤有小疣粒；胫部背面有细肤棱；整个腹面皮肤光滑，仅雄性咽侧外声囊部位呈皱褶状。指端钝圆，无腹侧沟；趾端钝圆，有腹侧沟；除第四趾蹼达远端关节下瘤外，其余各趾具全蹼；外侧跖间蹼达跖基部。背部颜色变异较大，多为棕色或棕黄色，沿背侧褶下缘有黑纵纹，体侧、前肢前后和后肢内外侧有不规则黑斑；颌腺浅黄色；后肢背面多有深色横纹；体腹面黄白色，咽胸部和腹侧有灰绿色或黑色斑，四肢腹面肉色。雄性肱前腺呈肾形，有一对咽侧下外声囊，体背侧有雄性线。

生活习性：栖息于海拔 1100m 以下的平原或丘陵和山区。成蛙多栖息于稻田、池塘或水坑内，常隐蔽在水生植物丛间、土洞或杂草丛中。食物以昆虫为主，还觅食蚯蚓、田螺及幼蛙等。

省内分布：全省广泛分布。

阔褶水蛙

Hylarana latouchii

无尾目 蛙科

形态特征：雄蛙体长 36—40mm，雌蛙体长 42—53mm。皮肤粗糙，背侧褶宽窄不一；背面有稠密的小刺粒，体侧的疣粒较大，腹面光滑。指末端钝圆，无腹侧沟；趾末端略膨大呈吸盘，有腹侧沟，趾间半蹼，均不达趾端。体背面多为褐色或褐黄色，有的有少量灰色斑，背侧褶橙黄色；吻端经鼻孔沿背侧褶下方有黑色带；颌腺黄色；体侧有黑斑，四肢背面有黑横纹，股后方有黑斑及云斑，腹部乳黄色或灰白色。雄蛙第一指有婚垫，有一对咽侧内声囊，基部臂腺小；背侧有雄性线。

生活习性：栖息于海拔 30—1500m 的平原、丘陵和山区，常栖于山旁水田、水池、水沟附近，很少在山溪内，白天隐匿在草丛或石穴中。主要捕食昆虫等小动物。

省内分布：全省广泛分布。

台北纤蛙

Hylarana taipehensis

无尾目 蛙科

形态特征：雄蛙体长27—30mm，雌蛙体长36—41mm。吻较长而尖。背侧褶细窄，鼓膜后方至体侧有一条断续侧褶与背侧褶平行；胫部有3—5 条纵肤褶。四肢较纤细，指、趾端吸盘小，有腹侧沟，第三指吸盘不大于其下方指节的2 倍。背部多为绿色，背侧褶金黄色，两侧镶以细的深棕色线纹，颌缘及鼓膜后方的侧褶金黄色，体侧两条侧褶之间为棕色或棕黑色，并延伸前达颊部至吻端；四肢横纹不清楚，股后多有深色纵纹2—3 条，腹面灰黄色。雄性婚垫灰色，无声囊，雄性线为粉红色。

生活习性：栖息于海拔80—580m 山区的稻田、水塘或溪流附近，所在环境杂草茂密。成蛙多栖息在稻田附近的水沟和水塘边杂草丛中，白天隐蔽在泥窝土隙中，晚上外出觅食。主食昆虫等小动物。

省内分布：新罗、长汀、上杭、武平、连城、漳州市区、云霄、漳浦、诏安、东山、南靖、平和、华安、厦门等地。

小竹叶蛙

Odorrana exiliversabilis

无尾目 蛙科

形态特征： 雄蛙体长43—52mm，雌性体长52—62mm。背面颜色多为橄榄褐色、浅棕色、铅灰色或绿色，有的有黑褐色斑，体侧、上唇缘、颌腺浅黄色，四肢有黑褐色横纹，股后有网状纹，腹面棕黄色，咽胸部有深灰色细小斑点，股腹面棕色或肉黄色；背侧褶细窄而平直，在眼后方靠近鼓膜边缘，向后直达胯部；头部扁平，头长略大于头宽，吻端钝圆，略突出于下唇，吻棱明显，两眼之间有一个小白疣，鼓膜明显；指、趾末端吸盘显著，有腹侧沟，其背面有横凹陷，后肢前伸贴体时胫附关节超过吻端，趾间全蹼；犁骨齿列短弱。

生活习性： 栖息于海拔600—1525m 的森林茂密的山区，成蛙栖息在溪流内，白天常蹲在瀑布下深水潭两侧的大石上或在缓流处岸边，夜间常攀援在溪边陡峭的崖壁上。主食昆虫等。

省内分布： 延平、邵武、武夷山、建瓯、顺昌、浦城、光泽、松溪、三元、永安、明溪、清流、宁化、大田、尤溪、将乐、泰宁、建宁、泉州市区、南安、安溪、永春、德化、莆田市区、仙游、福清、闽清、永泰等地。

大绿臭蛙

Odorrana graminea

无尾目 蛙科

形态特征： 雄蛙体长43—51mm，雌蛙体长85—95mm。皮肤光滑，背面为鲜绿色，但有深浅变异，头侧、体侧及四肢浅棕色，四肢背面有深棕色横纹，上唇缘腺褶及颌腺浅黄色，腹侧及股后有黄白色云斑，腹面白色；背侧褶较宽而不十分明显，从眼后角至胯部；头扁平，头长大于头宽；吻端钝圆，略突出于下唇，吻棱明显，两眼前角间有一小白点，颊部向外侧倾斜，有深凹陷，鼓膜清晰；指细长，指端有宽的扁平吸盘，2个掌突椭圆形，内大外小，趾吸盘同指吸盘而略小，趾间全蹼，蹼均达趾端，后肢前伸贴体胫跗关节超过吻端；犁骨齿两短斜行，舌长，略成梨形。

生活习性： 喜栖息于山区林间的山溪两侧，有时也远离山溪进入潮湿林地，成蛙白昼多隐匿于溪流岸边石下或在附近的密林落叶间，夜间多蹲在溪内露出水面的石头上或溪旁岩石，多夜间活动。主食昆虫等。

省内分布： 全省广泛分布。

黄岗臭蛙

Odorrana huanggangensis

无尾目 蛙科

形态特征： 雄蛙体长41—45mm，雌蛙体长82—91mm。体和四肢背面黄绿色，头体背面密布规则椭圆形和卵圆形褐色斑，唇缘有褐色横纹，股、胫部各有褐色横纹4—6条，股后方褐色斑大而密集，腹面白色无斑。头长宽几相等，头顶扁平，吻端钝尖，鼓膜约为眼径的2/3；指、趾吸盘纵径大于横径，均有腹侧沟，外侧3指基部有指基下瘤，掌突3个，内跖突小，无外跖突，无跗褶，趾间全蹼，后肢前伸贴体时胫跗关节达鼻孔；犁骨齿2短列，约等于两内缘间距宽。

生活习性： 栖息于海拔200—800mm的大小溪流中，成蛙常栖息于溪中和溪边的石块、岩壁上或溪边的灌丛中。主食昆虫等。

省内分布： 武夷山市。

花臭蛙

Odorrana schmackeri

无尾目 蛙科

形态特征： 雄蛙体长43—47mm，雌蛙体长76—85mm。体和四肢背面较光滑或有疣粒，胫部背面有纵肤棱，体腹面光滑；体背面为绿色，具深棕色或黑褐色大斑点，有时镶有浅色边，两眼间有一个小白点，四肢有棕黑色横纹，腹面乳白色或乳黄色，咽、胸部有浅棕色斑，四肢腹面肉红色。头长略大于头宽，头顶扁平，瞳孔横椭圆形；指、趾具吸盘，纵径大于横径，均有腹侧沟，趾间全蹼，蹼缘缺刻深；犁骨齿呈两斜列，舌后端有缺刻。

生活习性： 栖息于海拔200—1400m山区的溪流内，成蛙常蹲在溪边岩石上，受惊扰后常跳入水潭并潜入深水石间。捕食鞘翅目、鳞翅目、膜翅目和直翅目等昆虫。

省内分布： 全省广泛分布。

棕背臭蛙

Odorrana swinhoana

无尾目 蛙科

形态特征：雄蛙体长48—72mm，雌蛙体长52—89mm。体背面多为鲜绿色，具赤褐色斑点，有时背面为褐色、棕色或深灰色，具绿色斑纹，体侧灰褐色、赤褐色或绿色，有黑斑，四肢具不清晰的深褐色或黑褐色横纹，股后缘浅黄色，具黑点或云斑，腹面白色；头扁平，头长宽几相等，吻略圆，突出于下唇；指关节下瘤大而明显，指、趾端具宽吸盘，均有腹侧沟，趾间全蹼；后肢前伸贴体时胫跗关节达鼻孔或吻端；犁骨齿排列呈两斜行。

生活习性：栖息于海拔300—2500m的山区溪流附近，终年栖息在水边。主食昆虫等。

省内分布：延平、武夷山、福清等地。

福建侧褶蛙

Pelophylax fukienensis

无尾目 蛙科

形态特征：雄蛙体长40—55mm，雌蛙体长51—75mm。背部绿色或绿棕色，具浅绿色脊线，背侧褶黄棕色，四肢背面有棕黑色横纹，腹面浅黄色，咽、胸部及胯部金黄色；头长略大于头宽，吻端钝圆，略突出于下唇，鼻孔近吻端，鼓膜眼径几乎等大，靠近或紧接在眼后；指、趾端钝尖，趾间几乎满蹼，后肢前伸贴体时胫跗关节达眼；犁骨齿两小团，位于两个内鼻孔中间，舌后端缺刻深。

生活习性：常栖息于海拔1200m以下的水库和池塘里，也栖息在池塘附近的稻田以及山区的梯田里，喜蹲在荷叶上或潜伏于水草间，仅头部露出水面。捕食昆虫、蜘蛛、蚯蚓、螃蟹和螺等。

省内分布：全省广泛分布。

黑斑侧褶蛙

Pelophylax nigromaculatus

无尾目 蛙科

形态特征：雄蛙体长49—70mm，雌蛙体长35—90mm。背面皮肤较粗糙，多为蓝绿色、暗绿色、黄绿色、灰褐色、浅褐色等，有的个体具有浅绿色脊线或体背及体侧有黑斑点，背侧褶宽，体侧有长疣和痣粒，四肢有黑色或褐绿色横纹，胫背面有纵肤棱，股后侧有黑色或褐绿色云斑，体和四肢腹面光滑，浅肉色；头长大于头宽，吻部略尖，鼓膜大而明显。前肢短；指、趾末端钝尖，第四趾蹼达远端关节下瘤，其余趾间蹼达趾端，蹼凹陷较深，后肢前伸贴体时胫跗关节达鼓膜和眼之间；犁骨齿两小团；舌宽厚，后端缺刻深。

生活习性：栖息于沿海平原至海拔2000m左右的丘陵、山区，常见于水田、池塘、沼泽、水沟等静水或流水缓慢的河流附近。白天隐匿在农作物、水生植物或草丛中，受惊时能连续跳跃多次至进入水中，并潜入深水处或钻入淤泥或躲藏在水生植物间。捕食昆虫纲、腹足纲、蛛形纲等小型动物。

省内分布：全省广泛分布。

虎纹蛙

Hoplobatrachus chinensis

无尾目 叉舌蛙科

形态特征：雄蛙体长66—98mm，雌蛙体长87—121mm，体重可达250 克左右。体背面粗糙，有小疣粒和长短不一、断续排列成纵行的肤棱，多为黄绿色或灰棕色，散有不规则的深绿褐色斑纹，四肢具横纹，胫部具纵行肤棱，手、足背面和体腹面光滑、肉色，咽、胸部有棕色斑，胸后和腹部略带浅蓝色；头长大于头宽，吻端钝尖，下颌前缘有两个齿状骨突，鼓膜约为眼径的3/4；指、趾末端钝尖，无沟，趾间全蹼，后肢前伸贴体时胫跗关节达眼至肩部。

生活习性：常栖息于海拔900m 以下的山区、平原、丘陵地带的稻田、沟渠、池塘、水库、沼泽等地，白天隐匿于水域岸边的洞穴，夜间外出活动，受惊后跳入深水中。捕食各种昆虫，也捕食蝌蚪、小蛙、藻类及有机碎屑等。

省内分布：全省广泛分布。

保护级别：国家二级保护野生动物（仅限野外种群）。

泽陆蛙

Fejervarya multistriata

无尾目 叉舌蛙科

形态特征：雄蛙体长38—42mm，雌蛙体长43—49mm。背部皮肤粗糙，有小疣粒和数行长短不一的纵肤棱，多为灰橄榄色或深灰色，杂有棕黑色斑纹，有的脊线浅色，四肢背面各节有棕色横斑2—4 条，体腹面皮肤光滑，为乳白色或乳黄色；头长略大于头宽，吻端钝尖，眼间距很窄，鼓膜圆形，上下唇缘有棕黑色纵纹；指、趾末端钝尖无沟，趾间近半蹼，后肢前伸贴体时胫跗关节达肩部或眼部后方；犁骨齿为两团，向后集中而不相遇，舌后端缺刻深。

生活习性：栖息于平原、丘陵和海拔2000m 以下山区的稻田、沼泽、水塘和水沟等静水域或其附近草丛，大雨后常集群繁殖。主食蝗虫、蟋蟀和白蚁等昆虫。

省内分布：全省广泛分布。

福建大头蛙

Limnonectes fujianensis

无尾目 叉舌蛙科

形态特征： 雄蛙体长47—61mm，雌蛙体长43—55mm。背面皮肤较为粗糙，灰棕色或黑灰色，具短肤褶和小圆疣，疣粒上散有黑斑，两眼后方有一条横肤沟，肩上方有一个“八”形深色斑，唇缘及四肢背面均有黑色横纹，腹面皮肤光滑，咽部有棕色纹，手、足腹面浅棕色；头长大于头宽，吻钝尖，突出于下唇，雄蛙头大，枕部高起，下颌前端齿状骨突，鼓膜隐于皮下；指、趾末端球状，无横沟，有内跗褶，趾间约为半蹼，后肢前伸贴体时胫跗关节达眼后角或肩部；犁骨齿列长。

生活习性： 栖息于海拔600—1100m处的山区，常栖于路旁和田间排水沟的小水塘内或静水塘内，白天常隐蔽于落叶杂草间。主食昆虫等。

省内分布： 全省广泛分布。

小棘蛙

Quasipaa exilispinosa

无尾目 叉舌蛙科

形态特征：雄蛙体长44—67mm，雌蛙体长44—63mm。背面皮肤粗糙，棕褐色，散有不规则的碎黄斑，四肢背面具黑褐色横纹，全身背部布满大小不等的圆疣、扁平疣或窄长疣，疣上均有细小的黑色角质刺，腹面灰白色，咽喉部有黑褐色细密斑点，下腹部及后肢腹面蜡黄色，雄蛙胸部具有肉质疣突，疣突上均有锥状黑刺，雌蛙腹面皮肤光滑。头部宽扁，头宽略大于头长，吻端圆，略突出于下唇，鼓膜隐约可见，两眼间有黑褐色横纹；指、趾端略成球状，四趾两侧蹼缺刻深，其余趾间为满蹼，后肢前伸贴体时胫跗关节达眼；犁骨齿两斜团，舌宽圆，后端缺刻深。

生活习性：栖息于海拔500—1400m的山区小溪沟、沼泽边石块下。捕食蜘蛛和昆虫。

省内分布：武夷山、延平、永安、大田、新罗、漳平、连城、云霄、诏安、南靖、平和、德化、柘荣等地。

九龙棘蛙

Quasipaa jiulongensis

无尾目 叉舌蛙科

形态特征：雄蛙体长82—110mm，雌蛙体长76—89mm。背面皮肤粗糙，棕褐色或暗橄榄色，两侧各有4—5个明显的黄色斑点成纵行排列，疣粒大而扁平，疣粒周围色深呈圆形斑，腹面皮肤光滑，灰黄色，雄蛙胸部刺团2对；头宽略大于头长，吻端钝圆，两眼后有一条横肤沟；指、趾端球状，指基部关节下瘤发达，掌突3个，雄蛙第一、第二指具锥状黑色角质刺，趾间全蹼，外侧跖间有蹼，后肢前伸贴体时胫跗关节达吻端。

生活习性：栖息于海拔800—1200m山区的小型溪流中，成蛙白天隐伏在溪流水坑内石块下、石缝或石洞里，晚上出来活动。捕食昆虫、小蟹及其他小动物。

省内分布：武夷山、浦城、光泽、德化等地。

棘胸蛙

Quasipaa spinosa

无尾目 叉舌蛙科

形态特征：雄蛙体长106—142mm，雌蛙体长115—153mm。体型甚肥硕；体背皮肤较粗糙，多为黄褐色、褐色或棕黑色，长短疣断续排列成行，其间有小圆疣，疣上一般有黑刺，体和四肢背面有黑褐色横纹，腹面浅黄色；头宽大于头长，吻端圆，鼓膜隐约可见，两眼后端有横置的肤沟，颞褶极显著；指、趾端球状，后肢前伸贴体时胫跗关节达眼部，趾间全蹼，外侧跖间蹼达跖长之半，雄蛙前臂粗壮，内侧3指有黑色婚刺，胸部疣粒小而密，疣上有黑刺；犁骨齿斜置，左右不相遇。

生活习性：栖息于海拔600—1500m林木繁茂的山区溪流内，白天隐藏在石穴或土洞内，夜间多蹲在岩石上。捕食昆虫、螃蟹和小蛙等。

省内分布：全省广泛分布。

尖舌浮蛙

Occidozyga lima

无尾目 叉舌蛙科

形态特征：雄蛙体长20—23mm，雌蛙体长27—35mm。体小显肥壮；背部皮肤粗糙有疣粒，呈灰绿色或棕绿色，有的个体有浅黄色脊线和黑斑点，腹部白色；头小，长宽几乎相等，吻短而略尖，下颌前方有一个齿状骨突，鼻孔突出吻背面，眼位于头背面上侧方，枕部有横沟，鼓膜不明显而轮廓清晰；指侧有缘膜，基部有蹼，指、趾末端细尖，后肢前伸贴体时胫跗关节达眼与前肢基部之间，胯部浑圆而粗，趾间满蹼，外侧趾间蹼发达；无犁骨齿，舌窄长，后端薄而尖。

生活习性：常栖息于水田和低洼积水的湿草地或水坑内，常漂浮于水面，稍受惊扰，即潜入水中。主食昆虫和蜘蛛。

省内分布：漳州市区、云霄、漳浦、诏安、东山、南靖、平和、华安、厦门、德化、永春、安溪、莆田市区、仙游、福州市区、福清等地。

红吸盘棱皮树蛙

Theloderma rhododiscus

无尾目 树蛙科

形态特征：雄蛙体长25—27mm，雌蛙体长24—31mm。体形窄长；皮肤粗糙，背面多为茶褐色，满布白色痣粒组成的肤棱，成网状排列，在鼻眼之间、两眼间、背正中、肩上方及体侧近胯部各有一黑斑，前臂及股、胫部各有1—3条黑横纹，上颌缘及体侧有白纹或白点，腹面黑褐色，有灰白色斑纹；头长略大于头宽，吻端高，略突出于下唇；鼻孔近吻端，鼓膜大于第二指吸盘，几乎与眼后角相连；指、趾端有吸盘及边缘沟，吸盘橘红色，第三指吸盘明显小于鼓膜，后肢前伸贴体时胫跗关节达吻眼之间，雄蛙第一指有灰白色婚垫；无犁骨齿。

生活习性：栖息于海拔1300m左右山区林间的静水塘及其附近。主食昆虫等。

省内分布：武夷山市。

斑腿泛树蛙

Polypedates megacephalus

无尾目 树蛙科

形态特征：雄蛙体长41—48mm，雌蛙体长57—65mm。体形扁而窄长；背面皮肤光滑，多为浅棕色、褐绿色或黄棕色，一般有深色“X”形斑或纵条纹，有细小疣粒，体腹面有扁平疣，腹面乳白色或乳黄色，咽喉部有褐色斑点，股后有网状斑；头部扁平，头长大于头宽或相等，鼓膜大而明显；指、趾端均具吸盘和边缘沟，吸盘背面可见“Y”形骨迹，趾间蹼弱，后肢前伸贴体时胫跗关节达眼与鼻孔之间；犁骨齿强，舌后端缺刻深。

生活习性：栖息于海拔80—2200m的丘陵和山地，常栖息在稻田、草丛、泥窝、田埂石缝以及附近的灌木、草丛中。捕食昆虫、蜘蛛、蚯蚓、虾和螺类等无脊椎动物。

省内分布：全省广泛分布。

经甫树蛙

Zhangixalus chenfui

无尾目 树蛙科

形态特征：雄蛙体长33—41mm，雌蛙体长46—55mm。体形较扁平；皮肤较光滑，背面纯绿色，满布均匀的细小痣粒，颞褶平直，达肩部上方，上、下唇缘、体侧、四肢外侧及肛上方有一条乳黄色细线纹，线纹以下为藕褐色，腹面金黄色，咽喉部紫肉色；四肢腹面棕黄色；头长宽几乎相等或头长大于头宽，吻端钝尖，吻棱明显，鼓膜明显；指、趾端具吸盘和边缘沟，吸盘背面均有"Y"形骨迹，外侧2指蹼较发达，内侧2指间仅有蹼迹，趾间半蹼，内跖突椭圆形，外跖突不显著，后肢前伸贴体时胫跗关节达眼后角，指、趾端及蹼浅橘红色；犁骨齿强，位于内鼻孔内侧前方。

生活习性：栖息于海拔900—3000m的小水沟或小池塘旁或梯田边，常常群蛙共鸣，相互呼应。捕食金龟子、叩头虫、蟋蟀等多种昆虫及其他小动物。

省内分布：武夷山市。

大树蛙

Zhangixalus dennysi

无尾目 树蛙科

形态特征： 雄蛙体长68—92mm，雌蛙体长83—109mm。体形略扁平；背面皮肤略粗糙有小刺粒，绿色，沿体侧一般有成行的乳白色大斑，或缀连成一条乳白色纵纹，颞褶明显，短而平直，腹部和后肢股部密布较大扁平疣，下唇、咽喉部前方及侧面为紫罗兰色，胸、腹部及四肢腹面灰白色。头部扁平，雄蛙头长略大于头宽，雌蛙头宽略大于头长，吻棱斜尖，鼓膜大而圆；前肢粗壮，指、趾端均具吸盘和边缘沟，吸盘背面可见“Y”形骨迹，指间蹼发达，第三、四指间全蹼，趾间全蹼，后肢前伸贴体时胫跗关节达眼或眼前方；犁骨齿强壮，几乎平置，舌宽大，后端缺刻深。

生活习性： 栖息于海拔80—800m 山区的树林里或附近的田边、灌木及草丛中。捕食昆虫和其他小动物。

省内分布： 全省广泛分布。

花狭口蛙

Kaloula pulchra

无尾目 姬蛙科

形态特征：雄蛙体长55—77mm，雌蛙体长56—77mm。体形呈三角形；皮肤厚而光滑，背面有小疣粒或圆疣，有一条镶深色边的棕黄色宽带纹，从两眼间开始，绕过眼睑，折向体侧延伸至胯部，略呈“八”形，宽带纹内为深棕色的大三角斑，上多有浅色斑点，宽带纹外侧有一条褐色宽纹从眼后斜伸至腹侧，枕部肤沟明显，颞褶清晰，四肢背面密布褐色斑点，腹面皮肤成为皱纹状，其间散有浅色疣粒，咽喉部蓝紫色，胸腹部及四肢腹面有浅紫色云斑；头小，宽大于长，吻短，吻端圆；前肢发达，指端圆而不呈平切状，后肢短而肥壮，前伸贴体时胫跗关节仅达肩后，趾末端方圆或略尖出，趾间仅在基部有蹼；无犁骨齿，舌宽大，后端圆。

生活习性：栖息于海拔150m 以下的住宅附近或山边的石洞、土穴中，也有隐匿于离地面不高的树洞里的。主要以蚁类为食。

省内分布：云霄、诏安、东山、漳浦等地。

粗皮姬蛙

Microhyla butleri

无尾目 姬蛙科

形态特征：雄蛙体长20—25mm，雌蛙体长21—25mm。体形略呈三角形；背面皮肤粗糙，为灰色或灰棕色，满布疣粒，许多疣粒上有红色小点，背部中央有镶黄边的黑酱色“∧”形斑，眼后沿体侧至胯部有3—4 块黑斑，腹面皮肤光滑；头小，宽大于长，吻端钝尖，突出于下唇，枕部有肤沟，向两侧斜达口角后绕至腹面，在咽喉部相连形成咽褶；前肢细弱，指、趾端有吸盘，其背面有纵沟，指关节下瘤发达，内掌突较小，外掌突大。后肢较粗壮，趾间具微蹼，后肢前伸贴体时胫跗关节达眼；无犁骨齿；舌后端圆。

生活习性：常栖息于海拔100—1300m 山区的水田、水沟、水坑边的土隙或草丛中。主食蚁类，也食其他昆虫和蜘蛛等小动物。

省内分布：大田、建宁、新罗、上杭、连城、南靖、厦门、安溪、德化、闽清、永泰等地。

饰纹姬蛙

Microhyla fissipes

无尾目 姬蛙科

形态特征：雄蛙体长21—25mm，雌蛙体长22—24mm。体形略呈三角形；皮肤粗糙，背部有许多小疣，粉灰色或灰棕色，有两个前后相连续的深棕色“∧”形斑，眼后至胯部常有一斜行大长疣；枕部常有一横肤沟，并在两侧延伸至肩部，腹面皮肤光滑，白色；雌蛙咽喉部密布深灰色小点，雄蛙咽喉部深黑色。头小，长宽几乎相等，吻钝尖，颞部肤沟色浅；前肢细弱，后肢较粗短，前伸贴体时胫跗关节达肩部，趾间具蹼迹；无犁骨齿；舌长椭圆形，后端无缺刻。

生活习性：栖息于海拔1400m以下的平原、丘陵和山地的水田、水坑、水沟边泥窝、土穴或草丛中。主要以蚁类为食，也捕食其他昆虫等。

省内分布：全省广泛分布。

小弧斑姬蛙

Microhyla heymonsi

无尾目 姬蛙科

形态特征：雄蛙体长18—21mm，雌蛙体长22—24mm。体形略呈三角形；背面皮肤较光滑，为粉灰色或浅褐色，散有细痣粒，眼后至胯部有明显的斜行肤棱，吻端至肛部常有一条米黄色的细脊线，脊线上有一个黑色小的弧形斑，体两侧有纵行深色纹，四肢有黑棕色横纹，股基部腹面有较大的痣粒。跗部外侧有黑棕色纵纹，肛两侧有黑斑，腹面光滑、白色，咽喉部、胸部及腹侧有棕色小点；头小，长宽几乎相等；前肢细弱，后肢前伸贴体时胫跗关节达眼部，指、趾末端均具吸盘，其背面均有纵沟，趾间具蹼迹；无犁骨齿。

生活习性：栖息于海拔70—1515m山区或平原地带水田、沼泽和水坑边的泥窝、土穴或草丛中。主食蚁类，也吃其他昆虫。

省内分布：全省广泛分布。

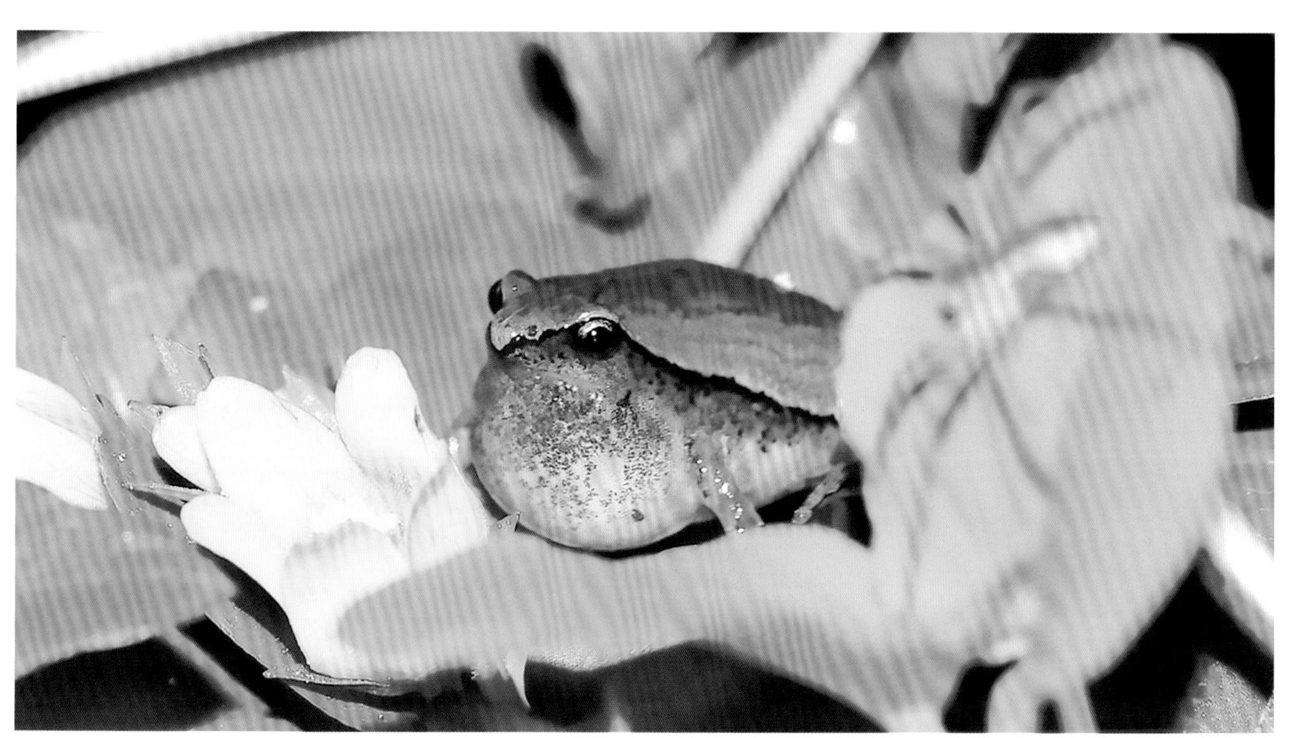

花姬蛙

Microhyla pulchra

无尾目 姬蛙科

形态特征：雄蛙体长23—32mm，雌蛙体长28—37mm。体形略呈三角形；背面皮肤较光滑，粉棕色缀有黑棕色及浅棕色花纹，有许多重叠相套的“∧”形线纹，两眼间有连续或断续的黑棕色短横纹，两眼后方有一横沟，向两外侧斜伸至肩部并绕至腹面横贯咽喉部而形成咽褶，四肢背面有粗、细相间的黑棕色横纹，肛两侧有黑棕色斑块，后腹部、股下方及肛孔附近小疣颇多，其余腹面光滑，白色略带黄色；雄蛙咽喉部密布深色小点，雌蛙色较浅。头小，吻端钝尖，突出于下唇；前肢细弱，后肢粗壮，向前伸贴体时胫跗关节达眼，指、趾端圆，背面无纵沟，关节下瘤发达，外掌突大于内掌突，趾间半蹼；无犁骨齿，舌后端圆。

生活习性：栖息于海拔10—1350m 平原、丘陵和山区地带水田、园圃及水坑附近的泥窝、洞穴或草丛中。主要捕食昆虫。

省内分布：新罗、漳平、长汀、上杭、武平、漳州市区、云霄、漳浦、诏安、东山、南靖、平和、华安、厦门、安溪、福州市区等地。

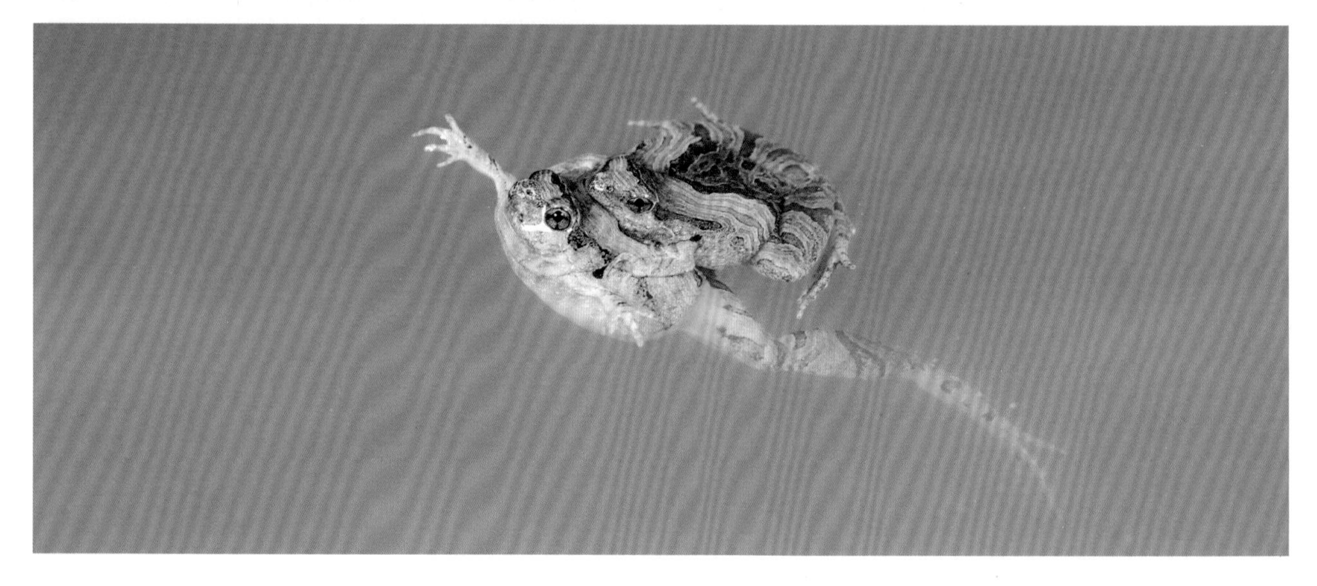

中文名索引

（爬行纲）

（两栖纲）

拉丁学名索引

（爬行纲）

（两栖纲）

参考文献

蔡波，王跃招，陈跃英，等. 2015. 中国爬行纲动物分类厘定 [J]. 生物多样性, 23(3): 365-382.

蔡明章. 1981. 武夷山自然保护区两栖动物初步调查 [J]. 武夷科学, (1): 129-131.

蔡明章. 1995. 武夷山保护区两栖动物调查及区系分析 [J]. 福建师范大学学报, 11(2): 82-85.

陈晓虹，周开亚，郑光美. 2010. 中国臭蛙属一新种 [J]. 动物分类学报, 35(1): 206-211.

陈友铃，张秋金，徐辉. 2009. 福建省爬行动物区系及地理区划 [J]. 四川动物, 28(6): 928-932.

丁汉波. 1944. 武夷两栖类志 [J]. 福建协和大学生物学报, 4: 151-160.

丁汉波. 1947. 闽西两栖动物采集志 [J]. 福建协和大学生物学报, 5: 137-141.

丁汉波. 1950. 福建两栖动物之调查及其地理分布 [J]. 科学, 32(2): 371-377.

丁汉波. 1956. 福建邵武两栖动物的调查及其习性生活史的研究 [J]. 福建师范学院学报, (2): 1-23.

丁汉波，蔡明章. 1979. 福建蛙类新种——小山蛙 [J]. 动物分类学报, 4(3): 297-300.

丁汉波，郑辑，蔡明章. 1980. 福建省两栖和爬行类的地理分布及区系研究 [J]. 福建师范大学学报(自然科学版), (1): 57-74.

丁汉波. 1956. 福建金环蛇志 [J]. 福建师范学院学报 (自然科学版), (1): 1-2.

丁汉波. 1959. 福建的毒蛇 [J]. 福建师范学院学报 (生物专号), (1): 39-70.

丁汉波，郑辑. 1965. 福建蛇类调查 [M]// 中国动物学会. 中国动物学会三十周年学术讨论会论文摘要. 北京：科学出版社: 313.

丁汉波，郑辑. 1981. 闽北地区爬行动物区系的研究 [J]. 武夷科学, 1: 137-139.

费梁，胡淑琴，叶昌媛，等. 2006. 中国动物志 两栖纲(上卷)[M]. 北京：科学出版社.

费梁，胡淑琴，叶昌媛，等. 2009. 中国动物志 两栖纲(中卷、下卷)[M]. 北京：科学出版社.

费梁，叶昌媛. 1992. 中国锄足蟾科掌突蟾属的分类探讨暨一新种描述 [J]. 动物学报, 38(3): 245-253.

福建省科学技术厅. 2012. 中国·福建 武夷山生物多样性研究信息平台 [M]. 北京：科学出版社.

耿宝荣，蔡明章. 1995. 诏安、永泰、建宁两栖动物调查及区系比较 [J]. 福建师范大学学报(自然科学版), 11(4): 78-81.

耿宝荣. 2002. 福建省两栖动物区系与地理区划 [J]. 四川动物, 21(3): 170-174.

耿宝荣. 2004. 福建省两栖类物种多样性评估 [J]. 生物多样性, 12(6): 618-625.

郭淳鹏，钟茂君，汪晓意，等. 2022. 福建省两栖、爬行动物更新名录 [J]. 生物多样性, 30(8): 1-10.

何建源，兰思仁，刘初钿，等. 1994. 武夷山研究 自然资源卷 [M]. 厦门：厦门大学出版社.

胡淑琴，费梁，叶昌媛. 1978. 福建两栖动物调查报告 [R]. 中国科学院成都生物所：两栖爬行动物研究资料, 4: 22-29.

黄松. 2021. 中国蛇类图鉴 [M]. 福州：海峡书局.

黄春梅. 1993. 龙栖山动物 [M]. 北京：中国林业出版社.

黄永辉 . 2011. 福建雄江黄楮林自然保护区两栖动物研究 [J]. 福建林业科技 , 38(3): 58-61.

黄祝坚 , 郑辑 , 丁汉波 . 1982. 福建南靖两栖爬行动物调查及区系分析 [J]. 武夷科学 , 2: 91-94.

黄正一 , 宗愉 , 马积藩 . 1998. 中国特产的爬行动物 [M]. 上海 : 复旦大学出版社 ,1-116.

江建平 , 谢锋 , 臧春鑫 , 等 . 2016. 中国两栖动物受威胁现状评估 [J]. 生物多样性 , 24(5): 588-597.

蒋志刚 , 江建平 , 王跃招 , 等 . 2016. 中国脊椎动物红色名录 [J]. 生物多样性 , 24(5): 500-551.

李树青 , 黄笑玲 . 1990. 福建省大鲵的记录 [J]. 福建水产 , (2): 79-80.

李顺才 , 黄金通 . 2005. 福建顺昌县药用两栖动物资源及其保护 [J]. 四川动物 , 24(3): 410-411.

李景熙 . 1994. 牛姆林自然保护区物种多样性调查初报 [J]. 生物多样性 , 2(4): 240-243.

林益民 , 林鹏 , 郭启荣 , 等 . 2001. 福建樟江口红树林湿地自然保护区综合科学考察报告 [M]. 厦门 : 厦门大学出版社 , 68-69.

林向东 . 2004. 福建三明罗卜岩保护区两栖爬行动物调查与区系分析 [J]. 福建林业科技 , 34(4): 33-35.

刘剑秋 , 曾从盛 . 2010. 福建湿地及生物多样性 [M]. 北京 : 科学出版社 , 388-443.

刘凌冰 , 石溥 , 蒋龙富 . 1962. 福建蛇类新记录 [M]// 中国动物学会 . 动物生态及分类区系专业学术讨论会论文摘要汇编 . 北京 : 科学出版社 , 155 .

陆宇燕 , 李丕鹏 . 2000. 我国毒蛇的生物多样性 [M]. 四川动物 , 19(3): 143-145.

四川省生物研究所 , 四川医学院 . 1975. 福建省两栖动物的三新种 [J]. 动物学报 , 21(3): 265-271.

汪松 , 解焱 . 2004. 中国物种红色名录 [M]. 北京 : 科学出版社 , 1-900.

汪松 , 解焱 . 2009. 中国物种红色名录 第二卷 脊椎动物(上册)[M]. 北京 : 高等教育出版社 .

王建勤 , 唐明仪 , 林兰英, 等 . 1995. 福建两栖类药用动物资源调查初报 [J]. 资源开发与市场 , 11(1): 13-15.

王玉敏 , 郑作新 . 1947. 闽北蛇类志略 [J]. 福建协和大学生物学会报 , 6: 87-97.

王剀 , 任金龙 , 陈宏满 .2019 . 2018 年中国两栖爬行动物新物种及分类变动 . www. amphibiachina. org .2019.1.04.

王剀, 任金龙, 陈宏满, 等 . 2020. 中国两栖、爬行动物更新名录 [J]. 生物多样性, 28 (2): 189–218.

谢进金 . 2003. 泉州市区市药用两栖动物资源 [J]. 泉州市区师范学院学报 , 21(6): 81-84.

谢进金 , 林彦云 , 黄国勇 . 2003. 福建泉州市区两栖动物调查及区系分析 [J]. 四川动物 , 22(4): 230-232.

叶昌媛 , 费梁 . 1994. 中国蛙科一新种——福建大头蛙(两栖纲 : 无尾目)[J]. 动物分类学报 , 19(4): 494-499.

张孟闻 , 宗愉 , 马积藩 . 1998. 中国动物志 爬行纲 第 1 卷 : 龟鳖目 [M]. 北京 : 科学出版社 , 1-213.

赵修复 . 1993. 武夷山自然保护区科学考察报告集 [M]. 福州 : 福建科学技术出版社 , 11-318 .

赵尔宓 , 江耀明 . 1976. 福建省爬行动物调查及其校正名录 [J]. 两栖爬行动物研究资料 , 3: 30-48 .

赵尔宓, 黄美华, 宗愉, 等. 1998. 中国动物志 爬行纲 第3卷: 有鳞目 蛇亚目 [M]. 北京: 科学出版社, 1-522.

赵尔宓, 赵肯堂, 周开亚, 等. 1999. 中国动物志 爬行纲 第2卷: 有鳞目 蜥蜴亚目 [M]. 北京: 科学出版社, 1-394.

赵尔宓, 张学文, 赵蕙, 等. 2000. 中国两栖纲和爬行纲动物校正名录 [J]. 四川动物, 19(3): 196-207.

郑仲孚. 1936. 福州市区普通蛇类 [J]. 福建协和大学生物会报, 2(1): 5-7.

郑仲孚. 1937. 福州市区普通蛇类 [J]. 福建协和大学生物会报, 2(2): 23-25.

郑仲孚. 1938. 福州市区协和大学动物学博物馆馆藏福州市区蛇类名录 [J]. 福建协大科学学报, 1: 73-80.

郑辑, 丁汉波. 1965. 福建龟鳖类初步调查 [J]. 福建师范学院学报, 1: 163-193.

郑辑, 丁汉波. 1965. 福建爬行动物新记录 [J]. 动物学杂志, 1(5): 237.

郑辑. 1985. 福建海生龟类的初步调查 [J]. 两栖爬行动物学报, 4(2): 156-157.

Pope C H. 1929. Four new frogs from Fukien Province, China[J]. American Museum Novitates, 352: 1-5.

Pope C H. 1931. Notes on amphibians from Fujian, Hainan and otherparts of China[J]. Bull American Museum of Natural History, 58: 334-487 .

Pope C H. 1935. The Reptiles of China[M]. NewYork:American Museum of Natural History : 1-604.

Stuart S N, Chanson J S, Cox N A, et al. 2004. Status and trends of amphibian declines and extinctions worldwide[J]. Science, 306: 1783-1786.

Ting H P. 1946. A new amphibian record from Fukien[J]. Biol Bulletin, Fukien Christian University, 5: 55-66.

Wu Y K, Wang Y Z, Jiang K, et al. 2010. A new newt of the genus Cynops (Caudata: Salamandridage) from Fujian Province, southeastern China[J]. Zootaxa, 2346: 42-52 .

Xie F, Lau M W N, Stuart S N. 2007. Conservation needs of amphibians in China: areview[J]. Science in China Series C: Life Sciences, 50(2): 265-276.